Monika Matschnig

KÖRPERSPRACHE
IM BERUF

Wie Sie andere überzeugen und begeistern

Mit Körpersprache 137
motivieren und überzeugen

Vorwort

Ich gebe es zu: Als ich zum ersten Mal auf der Bühne stand, um einen Vortrag zu halten, habe ich in puncto Körpersprache so ziemlich alles falsch gemacht, was man nur falsch machen kann. Dank meiner Aufregung bin ich hektisch und mit kleinen Schritten zum Rednerpult getippelt, habe dort wirr in meinen Unterlagen nach dem Einstieg gesucht und irgendwann stotternd mit meiner Präsentation begonnen. Den Blickkontakt zum Publikum habe ich weitestgehend vermieden und mich stattdessen visuell abwechselnd mit der Rückwand des Saales oder mit meinen Materialien beschäftigt. Wenn ich eine Folie kommentierte, drehte ich mich vom Publikum weg und zum projizierten Chart hin und sprach dabei weiter. Etwa alle 30 Sekunden änderte ich meine Standposition. Meine Hände umklammerten entweder das Pult oder vollführten chaotische Gesten, die vor allem eines unterstrichen: mein Lampenfieber. Mit Sicherheit sprach auch mein Gesicht Bände und strahlte alles andere als Gelassenheit und Souveränität aus. Kurz gesagt: Bei einem Wettbewerb für optimale Körpersprache hätte ich wohl kaum eine Einladung in die nächste Runde erhalten, und einen Preis hätte ich schon gar nicht gewonnen. Zwar bekam ich nach der Präsentation keine Buh-Rufe, allerdings auch keinen sonderlich ernst gemeinten Applaus. Die Zuhörer hatten mich und das, was ich vortrug, vermutlich bereits am nächsten Tag vergessen. Und in mir machte sich kein bisschen Erfolgsgefühl breit.

Dennoch war der Abend bereichernd, da ich erkannte: Wenn ich mich in einer solchen Situation unwohl fühle und meine Zuhörer das erkennen können, werden sie sich selbst auch nicht wohlfühlen. Dann wird mein Vortrag sie nicht erreichen und schon gar nicht begeistern. Was für eine Präsentation oder einen Vortrag gilt, lässt sich auch auf jeden anderen Bereich des Berufslebens übertragen. Eine einfache Erfolgsformel lautet: Ich kann niemanden überzeugen, wenn ich nicht selbst Überzeugung ausstrahle. Solange also mein Auftreten und die Art, mich zu präsentieren, kein souveränes, kompetentes und authentisches Bild von mir liefern, wird mich auch niemand als souverän, kompetent und authentisch wahrnehmen.

Als Konsequenz auf mein missglücktes Vortragsdebüt setzte ich mir ein Ziel: Meine Botschaften, Ideen und Angebote sollen künftig ankommen und angenommen werden. Dafür musste ich vor allem an meiner Wirkung arbeiten, selbstbewusst, energisch und überzeugend aufzutreten. Klar war, das erfordert jede Menge Training. Klar war aber auch, die Mühe würde sich lohnen. Wer nämlich eine sympathische Körpersprache spricht und die richtige Gestik und Mimik einsetzt, sie aber auch an anderen erkennt, wird seine beruflichen Ziele um einiges leichter erreichen. Das hat sich auf meinem eigenen Weg immer wieder bestätigt und mich persönlich weitergebracht.

Ich würde mich freuen, wenn auch Sie von der Erfolgsformel profitieren und die vielen Erkenntnisse und Hilfestellungen in diesem Buch nutzen würden – für alle Bereiche des modernen Berufslebens: Um die Herausforderungen eines Vorstellungsgesprächs souverän zu meistern. Für den richtigen Umgang mit Stolpersteinen, Fettnäpfchen und Chancen, die eine verbale und nonverbale Kommunikation unter Kollegen mit sich bringen können. Um die eigene Körpersprache effizient zum Ausbau eines Netzwerks zu nutzen. Um auch auf internationalem Businessparkett gut anzukommen. Um sich selbst und die Sache bei Vorträgen oder Präsentationen ins perfekte Licht zu rücken. Für das optimale körpersprachliche Vokabular bei Verhandlungen und Verkaufsgesprächen. Und schließlich, um das Geheimnis der Körpersprache erfolgreicher Führungskräfte zu lüften.

Und nun wünsche ich Ihnen viel Spaß beim Lesen.

Ihre Monika Matschnig

Erfolg beginnt mit der Körpersprache

Wer wünscht sich nicht, im Berufsleben erfolgreich zu sein? Positiv wahrgenommen zu werden? Seine Ziele zu erreichen? Fachkompetenz allein reicht dafür schon lange nicht mehr. Um rundum zu überzeugen und andere zu begeistern, muss der Körper die richtige Botschaft vermitteln, mit Gesten, Mimik und seiner gesamten Haltung.

Der Körper spricht immer

Im Geschäftsleben geht es seit jeher nur um eines: Verkaufen. Seien es Dienstleistungen, Produkte oder Ideen. Ziel ist es immer, jemanden davon zu überzeugen, dass er das materielle oder immaterielle Gut, das wir anbieten, unbedingt haben muss. Um Begehrlichkeiten zu wecken, kommen bewährte Instrumente zum Einsatz, etwa das emotionale Bewerben oder sachliche Argumente. Allerdings liefen früher Businessangelegenheiten in eher überschaubaren Dimensionen ab, während ihnen heute kaum Grenzen gesetzt sind.

Inzwischen ist noch ein weiterer Erfolgsfaktor hinzugekommen, der zunehmend an Wichtigkeit gewinnt. Längst geht es nicht mehr nur darum, eine Ware an den Mann zu bringen. Die große Herausforderung des modernen Berufsalltags besteht vielmehr darin, sich selbst gut zu verkaufen und über diesen Weg das eigentliche Geschäft abzuschließen. Doch was bedeutet das, sich selbst gut zu verkaufen? Und noch wichtiger: Wie verkauft man sich selbst optimal? Natürlich sind Fachkompetenz und Know-how wichtige Voraussetzungen, denn wer sein Handwerk nicht beherrscht, der wird kaum überzeugen. Doch in Zeiten des kontinuierlich steigenden Wettbewerbsdrucks entscheidet über das Gelingen oder Scheitern weniger, was verkauft werden soll, sondern wie es angepriesen und angeboten wird. Oder besser gesagt: wie der Verkäufer eines Produkts oder einer Idee seine Sache und sich selbst präsentiert. Er soll also mit dem ersten Eindruck und der eigenen Wirkung möglichst schnell überzeugen.

Mit der richtigen Körpersprache überzeugen

Visuelle Einflüsse spielen eine immer größere Rolle bei unseren täglichen Entscheidungen. Ein Beispiel dafür ist die Politik. War der ausschlaggebende Qualitätsmaßstab für Volksvertreter lange Zeit ihr inhaltliches Programm, so wurde dieses Kriterium zuerst um ihr Kommunikationstalent und schließlich um die Fähigkeit ihrer Darstellung erweitert. Öffentliche Fernsehduelle von Spitzenkandidaten gehören mittlerweile zum Standardprogramm eines Wahlkampfes und tragen entscheidend zum Ausgang politischer Wettbewerbe bei. Ähnliches gilt auch für die freie Wirtschaft. Haben Konzernchefs und Unternehmer früher mehr oder weniger anonym agiert, ist mittlerweile der Typus des Vorzeigeunternehmers gefragt, der ins Licht der Öffentlichkeit tritt. Die Anforderung ist stets dieselbe: Um Wirkung zu erzielen, muss der Auftritt beeindrucken.

Der Kern des Erfolges

Trotz Globalisierung, virtueller Vernetzung und ähnlichem wird unsere Wirkung noch immer von einem ganz simplen Aspekt bestimmt: Sind wir unserem Gegenüber sympathisch oder nicht. Das Unterbewusstsein entscheidet instinktiv über diese Frage. Sympathiegarant ist das Auftreten, das zu über 80 Prozent durch unsere Körpersprache definiert wird.
Doch was genau bedeutet Körpersprache? Genau: Sprechen ohne Worte, nonverbale Kommunikation. Das tun wir durch alle bewussten und unbewussten Bewegungen, die in Körperhaltung, Gestik, Mimik und Stimme zum Ausdruck kommen. Generell basiert Kommunikation auf einer Sach- und auf einer Beziehungsebene. Während die Sachebene der Übermittlung konkreter Informationen dient und fast ausschließlich verbal abläuft, wird die Beziehungsebene durch Gefühle und emotionale Verbindungen bestimmt, die vor allem nonverbal zum Ausdruck gebracht werden. Das heißt: Selbst wenn Sie kein Wort sagen, kommunizieren Sie mit Ihrem Gegenüber. Ihre Augen, Hände, Beine und Ihre Körperhaltung senden Signale aus. Sie wirken interessiert oder gelangweilt, entspannt oder gestresst, offen oder verschlossen, freundlich oder aggressiv.
Solche Botschaften senden Sie zu einem großen Teil unbewusst aus, also ohne es zu merken und auch ohne es zu wollen. Aber der Körper lügt nicht. Entweder unterstreicht er Ihre verbalen Aussagen oder er sendet widersprüchliche Signale, die für jeden sichtbar sind. Deshalb überrascht es nicht, dass viele Unternehmen bei Bewerbungsgesprächen ein besonderes Augenmerk auf die Körpersprache der Kandidaten legen (ab Seite 46). Denn Bewerber, die gelegentlich ihre Lebensläufe und Erfahrungen etwas »schönfärben«, verraten Schwachstellen meist durch ihre Gestik, Mimik und Körperhaltung.

Körpersprache – die persönliche Visitenkarte

Warum unsere Körpersprache mehr über unsere Persönlichkeit verrät als tausend

Worte, ist leicht erklärt. Gedanken und Körpersprache sind eine untrennbare Einheit und beeinflussen sich gegenseitig. So lässt sich nicht nur unsere momentane Gefühlslage an unserem Verhalten ablesen. Auch Erfahrungen, die wir im Laufe unseres Lebens machen, prägen unsere Haltung, Gestik und Mimik. Der Körper ist quasi ein Spiegelbild unserer Seele und eine persönliche Visitenkarte, die unser Inneres offenbart. Das bedeutet nun aber keineswegs, dass wir unsere Körpersprache pausenlos kontrollieren müssen, um beruflich erfolgreich zu sein. Es kommt darauf an, dass sich verbale und nonverbale Kommunikation auf derselben Ebene abspielen. Unsere Worte sollen durch unser Verhalten bestätigt werden, indem wir auf beiden Ebenen ein und dieselbe Botschaft vermitteln.

Wir würden wohl kaum daran zweifeln, dass jemand verärgert ist, wenn er mit der Faust auf den Tisch haut, während er energisch vor sich hin schimpft. Ebenso erwarten wir von einem Freund, der sich angeblich freut, uns zu sehen, einen fröhlichen Gesichtsausdruck. Und einem kleinen Kind, das bitterlich weint, weil es sein Kuscheltier verloren hat, glauben wir seine Trauer sofort.

Manchmal kann unsere Körpersprache Worte sogar komplett ersetzen. Denken Sie nur an zwei besonders wichtige Signale: nicken und den Kopf schütteln, um Zustimmung oder Ablehnung auszudrücken. Ohne ein zusätzliches Wort weiß jeder Mensch bereits von klein auf sofort, was damit gemeint ist.

Auf Authentizität achten

Was also vermieden werden sollte, ist eine Diskrepanz zwischen den Signalen, die der Körper sendet, und den gesprochenen Worten. Ein solcher Widerspruch entsteht dadurch, dass wir etwas sagen, was wir nicht wirklich denken oder fühlen. Weil wir vielleicht eine Erwartungshaltung erfüllen möchten oder weil wir einer unerfreulichen Diskussion aus dem Weg gehen wollen. Doch eines sollte klar sein: Die Körpersprache können wir kaum bewusst steuern. Das heißt nicht, dass unser Verhalten wortwörtlich das verrät, was wir durch Worte verbergen möchten. Aber es lässt sich am Körper ablesen, ob wir die wahren und ehrlichen Gedanken offenbaren. Folgen Sie deshalb dem Grundsatz, weder durch Worte noch durch die Körpersprache etwas vorzuspielen, wenn Sie keinen unglaubwürdigen und damit negativen Eindruck hinterlassen wollen.

Zeigen Sie, was Sie sagen!

Wenn jemand seine Hilfe anbietet, setzt das wirkliche Bereitschaft voraus. Steht er mit verschränkten Armen vor uns, suggeriert er genau das Gegenteil. Oder: Wenn jemand von intensiven Gefühlen spricht, erwarten wir ein entsprechendes Verhalten. Ist er emotional bewegt, dann ist er auch körperlich bewegt.

Anders ausgedrückt: Wenn die Worte eines Menschen eine andere Botschaft vermitteln als seine Körpersprache, macht uns das misstrauisch. Ein solcher Mensch wirkt unaufrichtig und damit meistens auch unsympathisch.

Jeder Körper spricht anders

So instinktiv unsere Körpersprache funktioniert, so einzigartig ist sie auch. Zwar verwenden alle Menschen den gleichen »Wortschatz« an Signalen, Gesten und Mimik, trotzdem spricht jeder Körper seine eigene Sprache. Das liegt vor allem daran, dass er mehr oder weniger intensiv als Sprachrohr eingesetzt wird – je nachdem, wie extrovertiert beziehungsweise introvertiert eine Person ist oder welchem Kulturkreis sie angehört. Natürlich können Sie die Körpersprache optimieren und zum Beispiel versuchen, eine sehr zurückhaltende und schüchterne Art etwas lebendiger zu gestalten oder sich ein wenig zurückzunehmen, wenn Sie normalerweise sehr expressiv mit Ihrem Körper »sprechen«. Eines sollten Sie jedoch immer beachten: Eine »fremde« Körpersprache zu adaptieren oder zu kopieren, ändert nichts an Ihrer Wirkung und schon gar nichts an Ihrer Persönlichkeit, sondern hat nur eines zur Folge: Es lässt Sie nicht authentisch erscheinen, und das ist alles andere als vertrauenswürdig.

Körpersprache beeinflusst die Gefühle

Wir können also nicht unsere Persönlichkeit beeinflussen, indem wir uns einfach andere Gesten und eine »fremde« Mimik aneignen, die nicht zu uns passen. Das heißt allerdings nicht, dass unsere Körpersprache keinerlei Einfluss auf unser Innenleben hat. Vielmehr werden unsere Gedanken und unsere Körperhaltung zu einer untrennbaren Einheit. Unsere Empfindungen spiegeln sich automatisch in der Sprache unseres Körpers wider, und andersherum beeinflusst jedes nonverbale Signal unsere Gedanken und Gefühle.

Wissenschaftliche Untersuchungen haben ergeben, dass beispielsweise eine gekrümmte Körperhaltung Depressionen und Mutlosigkeit fördert. Kopfnicken erzeugt in unserem Kulturkreis zustimmende, ein Kopfschütteln dagegen ablehnende Gedanken. Zusammengefasst: Ein Gefühl oder ein Gedanke kann einen körpersprachlichen Ausdruck hervorrufen. Umgekehrt kann eine bestimmte Körperhaltung ein Gefühl erzeugen oder einen Gedanken blockieren. Machen Sie den Test:

› Stellen Sie sich vor, Sie hätten eine traurige Nachricht erhalten. Sie sitzen da, niedergeschlagen, völlig kraftlos, mit hängenden Schultern, gesenktem Kopf und nach unten gezogenen Mundwinkeln. Automatisch werden Sie die Last in Ihrem Nacken spüren. Versuchen Sie, in dieser Haltung einen positiven Gedanken zu fassen. Es wird kaum funktionieren.

› Und jetzt umgekehrt: Richten Sie sich auf, Brust raus, Kopf nach oben, Blick nach vorne, ein Lächeln auf den Lippen. Atmen Sie tief ein und versuchen Sie jetzt, an etwas Negatives zu denken. Es wird Ihnen nicht gelingen.

› Ziehen Sie Ihre Augenbrauen so hoch wie möglich, sodass Sie sehr große Augen bekommen und versuchen Sie, wütend zu sein und auch so zu wirken. Wahrscheinlich müssen Sie bei diesem vergeblichen

Unterfangen über sich selbst lachen. Leicht gelingt es dagegen, seinen Ärger zu zeigen, wenn die Augenbrauen zusammengezogen werden.

› Beißen Sie nun die Zähne fest zusammen und denken Sie gleichzeitig positiv. Kaum möglich, oder?

Wie dieser Mechanismus genau funktioniert? Ganz einfach: Unser Körper verbindet mit bestimmten Körpersignalen bestimmte Gefühle. Bei einer entsprechenden Muskelbewegung wird daher unser hormonelles System aktiviert, das dafür sorgt, dass sich ein Körperausdruck tatsächlich auf unsere Stimmung auswirkt. Angenommen, unsere Mundwinkel zeigen nach oben, etwa wenn wir lachen, dann denkt unser Gehirn, wir sind fröhlich und schüttet Glückshormone aus.

Der Körper verrät sich

Wir können sowohl Einfluss auf unsere Gedanken als auch auf unsere Körperhaltung nehmen. Positive Gedanken wirken sich entsprechend positiv auf unsere Körpersprache aus. Diesen glücklichen Effekt sollten Sie sich wann immer möglich zunutze machen.

Menschen, die mental mit sich im Reinen sind, erkennen wir beispielsweise an ihrer aufrechten Körperhaltung und einem offenen, der Umwelt zugewandten Blick. Jemand, der dagegen negative Gefühle hat oder sich grämt, wird seine Schultern nach vorne fallen lassen und seinen Blick nach unten richten. Auch daran sollten Sie denken.

Gedanken beeinflussen die Körpersprache

Doch wir können nicht nur mithilfe unserer Körpersprache unsere Stimmung beeinflussen, um uns beispielsweise zu motivieren. Auch die umgekehrte Wirkungsweise ist wichtig – wenn auch schwieriger zu beeinflussen. Unsere Gedanken haben einen starken Einfluss auf unsere Körpersprache und damit auf unser Erscheinungsbild. Ein Mechanismus, den wir ebenso beachten und nutzen sollten – auch für den beruflichen Erfolg. Nichts anderes machen zum Beispiel Spitzensportler, die sich mental auf Sieg programmieren und sozusagen das Ziel schon vor ihrem geistigen Auge erreichen, bevor sie überhaupt gestartet sind. Und auch im alltäglichen Leben zeigt sich immer wieder: Mit ein wenig Mentalhygiene fühlen wir uns besser, strahlen automatisch mehr Kompetenz aus, können von vornherein mehr Pluspunkte auf unserem Sympathiekonto verbuchen und bewältigen etwaige Nervosität effektiver.

Entscheidend ist: So, wie Sie wirken wollen, so müssen Sie sich auch wirklich fühlen. Sie möchten einen sympathischen, authentischen und kompetenten Eindruck auf andere machen? Dann müssen Sie zuallererst selbst von sich überzeugt sein. Alles andere wäre gespielt oder wie der Volksmund dazu sagt: »eine Vorspiegelung falscher Tatsachen«. Damit würden Sie gewiss nicht gewinnen, im Gegenteil, denn Sie wären nicht authentisch. Stehen Sie also zu Ihrer Körpersprache, zu Ihrer Haltung, Gestik und Mimik. Sie ist Teil Ihrer Persönlichkeit und macht Sie einzigartig.

Körpersprache richtig entschlüsseln

Eines der weltweit führenden Business Travel Management-Unternehmen hatte sich zum Ziel gesetzt, bei all seinen Partnern ein einheitliches Software-Programm einzuführen, um auf dem globalen Parkett weiterhin erfolgreich agieren zu können. Eine Führungskraft präsentierte allen Franchise-Partnern das neue Konzept, die geplanten Einführungsprozesse, Konsequenzen und Vorteile. Ein heißes Thema, da gleichzeitig die Grundsätze der Unternehmensführung geändert werden mussten. Der Mann präsentierte vertrauensvoll und souverän. Die Botschaften kamen an, die Partner zeigten hohes Interesse, und mit Sicherheit kreisten viele Fragen in den Köpfen der Zuhörer. Doch am Ende der Präsentation machte der Redner einen schwerwiegenden Fehler. Er verschränkte die Arme vor der Brust und sagte: »Große Veränderungen stehen uns bevor. Sicherlich gibt es noch viele Fragen. Bitte fragen Sie mich, ich bin offen dafür.« Plötzlich trat eine unangenehme Stille ein. Die Zurückhaltung und Unsicherheit der Zuhörer war förmlich greifbar. Keine einzige Frage wurde gestellt. Warum? Weil das Publikum irritiert war. Denn die Körpersprache des Redners stimmte nicht mit dem überein, was er sagte. Die verschränkten Arme waren in dieser Situation das denkbar schlechteste nonverbale Signal.

Allerdings wird dieser Haltung oft Unrecht getan. Ein Verschränken der Arme wird grundsätzlich als Zeichen von Desinteresse oder Ablehnung interpretiert. Ein Trugschluss, wenn die entsprechende Situation – wie im gerade beschriebenen Beispiel – außer Acht gelassen wird. In den meisten Fällen ist es nämlich schlichtweg eine bequeme Haltung. Um körpersprachliche Signale wirklich sinnvoll interpretieren zu können, müssen also viele Faktoren in die Interpretation mit einbezogen werden.

Die größten Fehler beim ersten Eindruck

Wir alle tendieren dazu, Menschen aufgrund des ersten Eindrucks zu beurteilen. Dieser Urinstinkt trügt uns zwar selten komplett, aber wir liegen damit auch keineswegs immer vollkommen richtig. Die häufigsten Missverständnisse, Fehldeutungen und Irrtümer, die bei der Interpretation körpersprachlicher Signale immer wieder zu Ungereimtheiten führen, lernen Sie im Folgenden kennen:

Das vorschnelle Urteil

Verschränkte Arme bedeuten Desinteresse. Greift sich jemand an die Nase, dann lügt er. Zeigt er mit dem Zeigefinger, dann droht er. Versteckt er die Arme unter dem Tisch, dann ist er unsicher. Diese und weitere körpersprachliche Vokabeln gibt es reichlich, und die jeweilige »Übersetzung« kann durchaus in vielen Fällen zutreffen, häufig jedoch auch nicht, denn möglicherweise gehört eine bestimmte Geste einfach zur individuellen Körpersprache einer Person, zu ihrer sogenannten Baseline, also zu ihrem Normalverhalten.

Die persönliche Baseline

Ein Beispiel ist die klassische Haltung von Angela Merkel, oft genug von den Medien in die Mangel genommen. Sie zeigt sehr häufig ihr berühmtes »Spitzdach«, bei dem die Fingerspitzen vor dem Bauch aneinandergelegt werden. Diese Geste, die auch als abwehrendes oder konzentriertes Signal gedeutet werden kann, hat bei ihr eine ganz andere – mehr noch: gar keine Bedeutung. Es ist eine reine Gewohnheit, die zu ihr gehört, ihre persönliche Baseline.

Jeder Mensch ist einzigartig und zeigt daher auch ein persönliches körpersprachliches Muster, das man bei einer ersten Begegnung noch nicht erkennt. Dazu eine Erfahrung, die ich selbst gemacht habe: Ich wurde von einem namhaften Unternehmen dazu eingeladen, ein Angebot für Schulungen der Außendienstmitarbeiter abzugeben. Drei Trainer, darunter ich, kamen schließlich in die Endausscheidung und durften ihr Leistungsangebot vorstellen. Anwesend waren der Unternehmenschef persönlich, der Personalleiter und dessen Assistentin. Ich musste als Letzte präsentieren, und es lief nicht besonders gut. Die beiden anderen Anwärter legten eine perfekte Power Point-Präsentation hin, ich dagegen kam mit leeren Händen, schon ein denkbar schlechter Start. Zu allem Überfluss saß der Chef während der gesamten Zeit zurückgelehnt und mit verschränkten Armen auf seinem Stuhl, sah mich kaum an, nickte nicht, lachte nicht und zeigte auch sonst keinerlei Regung. Als ich fertig war, sagte er nur »danke«, wiederum ohne mich anzusehen, und ich verließ den Raum. Den Auftrag hatte ich innerlich schon abgeschrieben, als die Assistentin mich zum Ausgang brachte und meinte: »Mein Chef war begeistert. Ich bin überzeugt, dass Sie den Auftrag bekommen.« Ich war irritiert. Doch tatsächlich rief der Personalentscheider schon am nächsten Tag an und erteilte mir den Auftrag. Was war der Grund für diese falsche Interpretation? Ich hatte die Möglichkeit nicht berücksichtigt, dass die Körpersprache des Chefs schlicht sein gängiges Verhalten war – seine Baseline.

Der direkte Vergleich

Bin ich unsicher, dann tendiere ich dazu, dauerhaft zu grinsen, habe eine hohe Spannung in meinem Körper und agiere allzu bewusst mit meinen Händen. Nehme ich eine solche Geste bei einem anderen Menschen wahr, muss ich darauf achten, diese nicht genau so zu interpretieren. Einmal traf ich auf einem Kundenevent nach meinem Vortrag auf einen Mann, der mich nicht aus den Augen ließ. Ich spürte, dass er Kontakt aufnehmen wollte. Da ich neugierig bin, sprach ich ihn direkt darauf an. Er lobte den Inhalt und die Kurzweil meines Referats. Bei einer Aussage war ich jedoch geplättet: »Sie sind das Pendant von Anke Engelke. Und ich finde die Frau klasse.« Kein Wunder, dass ihm meine Performance gefiel, denn er hat seine Beurteilung von Anke Engelke direkt auf mich übertragen.

Assoziieren wir eine Eigenschaft, das Aussehen, die Stimmlage oder die Haltung einer Person mit etwas Positivem, dann fällt in der Regel die Beurteilung positiv aus – allerdings gilt das auch für den umgekehrten Fall. Das wurde anhand vieler Tests nachgewiesen.

Ohne Kontext

Um Körpersprache zutreffend zu interpretieren, muss immer der Kontext beachtet werden: der Beweggrund, die Beziehung zum Gesprächspartner, die Räumlichkeiten, die Tagesverfassung, vorangegangene Begegnungen und so weiter. Einige Beispiele dafür:

Nehmen wir an, Sie als Führungskraft umarmen eine Ihrer Mitarbeiterinnen innig, andere werden dabei Zeuge. Bei den anderen könnte leicht der Eindruck entstehen, dass diese Mitarbeiterin begünstigt wird. Dabei wollten Sie sie nur trösten, weil ihr Kind mit einer schweren Erkrankung im Krankenhaus liegt.

Oder: Sie sitzen mit Mitarbeitern in einem Meeting, gähnen plötzlich und strecken Ihre Arme nach vorne. Was wird Ihr Team wohl denken? Richtig: Dass Sie die Vorschläge langweilig finden oder Ihnen das Meeting zu langatmig ist. Keiner weiß nämlich, dass Sie gerade einen Langstreckenflug hinter sich haben und nur gegen den Jetlag ankämpfen.

Um Pannen zu vermeiden

Erfahren Menschen, dass ich Körpersprache-Expertin bin, dann erstarren sie, wissen nicht mehr wohin mit ihren Händen und fühlen sich unwohl. Sie denken, dass ich auf jede kleinste Geste achte und sie im Handumdrehen »durchschaue«. Aber auch ein Körpersprache-Experte kann nicht zu 100 Prozent eindeutig analysieren, was in einem Menschen vorgeht. Tatsache ist jedoch, dass wir alle – ob Experte oder nicht – die Menschen um uns herum ständig beurteilen, meist jedoch unbewusst. Es lohnt sich also, die eigene Beobachtungsgabe zu trainieren, um die Treffsicherheit zu erhöhen. Und so geht's:

Berücksichtigen Sie individuelle Gewohnheiten

Wie Sie inzwischen wissen, hat jeder Mensch seine individuelle Körpersprache – seine Baseline (gegenüberliegende Seite). Beobachten Sie deshalb immer zuerst das körpersprachliche Normalverhalten eines Menschen oder seine kommunikativen Gewohnheiten. Diese offenbaren sich am besten in einer stressfreien Situation. Je häufiger Sie mit einer Person in Kontakt treten, desto einfacher ist es, die Baseline zu identifizieren. Denken Sie nur an einen nahestehenden Menschen. Sie fühlen unbewusst sofort, wenn etwas nicht in Ordnung ist, wenn sein Verhalten von seiner Baseline abweicht, sei es auch nur minimal. Beobachten Sie deshalb genau das Verhalten Ihrer Mitarbeiter, Kollegen, Freunde und schaffen Sie sich eine Basis, um Verhaltensänderungen leichter wahrzunehmen.

Sollten Sie keinen längeren Zeitraum zur Verfügung haben, dann nutzen Sie ein Gespräch über belanglose, nicht emotionale Themen, um das Verhalten Ihres Gegenübers zu beobachten. Prägen Sie sich Mimik, Körperhaltung, Armbewegungen, Stand, Sitzhaltung und allgemeine körpersprachliche Ausdrücke ein, die signifikant für diese Person sind:

› Ist der Gesichtsausdruck locker oder angespannt?

› Ist die Haltung selbstbewusst oder unsicher?

› Sind die Gesten gelassen oder nervös?

› Ist die Laune gut oder schlecht?

› Ist Ihr Gegenüber freundlich oder angriffslustig?

Verändert sich während des Gesprächs die entschlüsselte Baseline, dann sollten Sie aufmerksam sein. Hat Ihr Gegenüber zum Beispiel seine Aussagen immer stark mit den Händen untermalt und plötzlich bemerken Sie keine Gesten mehr, kann das auf eine wachsende Anspannung deuten. Wird ein neutraler Gesichtsausdruck plötzlich zum permanenten, jedoch unecht wirkenden Lächeln, kann das ein Zeichen von Angst sein. Auch wenn das Sprechtempo plötzlich erheblich schneller wird und die Stimmlage sich erhöht, ist das ein mögliches Zeichen von Nervosität.

Andererseits kann eine plötzliche Abweichung vom üblichen Verhalten auch ein Hinweis darauf sein, dass die Person an für sie bedeutende Vorfälle oder Begebenheiten denkt oder bestimmte Gedankengänge durchspielt.

Unterscheiden Sie universelle und individuelle Signale

Es gibt körpersprachliche »Vokabeln«, die bei allen Menschen ähnlich oder sogar identisch sind. Denn Emotionen sind universell und auch international. Presst jemand beide Lippen zusammen und Teile der Lippen verblassen dabei, sind garantiert Wut oder Zorn im Spiel. Hebt jemand die Schultern an, um seinen empfindlichen Halsbereich zu schützen, ist sein Kopf starr und bewegen sich nur noch die Augen, kann man davon ausgehen, dass dieser Mensch ängstlich ist oder zumindest in diesem Moment Angst hat.

Setzen Sie Signale in den Kontext

Ein einzelnes Signal reicht nicht aus, um den Menschen dahinter einzuschätzen. Ebenso wenig wie sich aus einem Wort der Inhalt eines Satzes herauskristallisieren lässt. Signale müssen häufiger oder in Kombination mit anderen auftreten. Nur weil sich jemand mal kurz mit der Hand vor den Mund fährt, heißt das nicht, dass er etwas verheimlichen möchte.

Interesse nehmen Sie beispielsweise wahr, wenn jemand beide Augenbrauen leicht nach oben zieht und Ihnen konstanten Blickkontakt schenkt und sich Ihnen mit dem ganzen Körper zuwendet und die Mimik dabei entspannt wirkt. Wer ab und zu nickt, den Gesprächspartner eventuell leicht berührt oder eine Berührung andeutet, verstärkt diesen interessierten Eindruck noch. Beobachten Sie jedoch in einem Meeting, dass der Kunde häufiger auf die Uhr oder zur Tür blickt, mehr auf der Stuhlkante als auf dem Stuhl sitzt, den Oberkörper von Ihnen abwendet und mit der Fußspitze schon Richtung Tür wippt, sind auch diese Signale relativ deutlich. Lassen Sie ihn gehen, er hat kein Interesse oder keine Zeit mehr.

Idiosynkratische Signale

Bei manchen Menschen zeigen sich besondere individuelle Merkmale, die sogenannten idiosynkratischen Signale. Spricht zum Beispiel jemand grundsätzlich mit abgespreizten Fingern oder zuckt beim Gespräch permanent mit den Schultern, dann ist das ein für diesen Menschen typisches Verhalten.

Zudem fällt Körpersprache in unterschiedlichen Situationen unterschiedlich aus, abhängig von gesellschaftlichen und beruflichen Normen, den kulturellen Gepflogenheiten, dem Geschlecht und den Erwartungen der Zuhörer, Mitarbeiter und Kollegen. So werden Sie sich als Führungskraft im eigenen Unternehmen anders verhalten und bewegen als in einem fremden. Mit einem gleichrangigen Kollegen werden Sie anders sprechen als mit einer Person, die einen untergeordneten Status hat. In der Kaffeeküche wird ein Gespräch eher im Plauderton ausfallen als am Besprechungstisch. Entsprechend locker wird auch die Körperhaltung sein.

Ein Seismograph für die Wahrheit

Wie können wir anhand nonverbaler Signale erkennen, dass der Gesprächspartner gerade nicht ganz ehrlich ist oder nicht zu dem steht, was er sagt? Ganz einfach: Gefühle wie Angst, Unsicherheit oder Nervosität offenbaren sich unbewusst in unserer Gestik, Mimik und Körpersprache und lassen sich kaum kontrollieren. Besonders betroffen sind die distalen Bereiche. Das sind jene Teile des Körpers, die am weitesten vom Gehirn entfernt sind, etwa Füße und Finger. Aber auch anhand von sogenannten Mikroausdrücken – kleinen schnellen Veränderungen im Gesicht – können wir wahrnehmen, was in unserem Gegenüber vorgeht. Denn beim Lügen oder Flunkern verändern sich Gesichtsausdruck und Körperhaltung – wenn auch nur für Bruchteile von Sekunden. Viele Menschen nehmen diese Minisignale zwar nicht bewusst wahr, haben aber das untrügliche Gefühl, dass etwas nicht ganz stimmig ist. Psychologen haben herausgefunden, dass wir uns mit fünfmal größerer Wahrscheinlichkeit auf die Körpersprache verlassen, wenn bei einem Gesprächspartner ein Widerspruch zwischen dem gesprochenen Wort und seiner Körpersprache besteht. Trotzdem sollten Sie auch da nie vorschnelle Schlüsse ziehen. Hier sei noch einmal ausdrücklich erwähnt: Nur die Betrachtung des gesamten Körpers und der Gesamtsituation ermöglicht es, eine vermittelte Botschaft weitgehend zuverlässig einzuordnen.

Kennen Sie Ihre ehrlichsten Körperteile?

Die Füße sind unsere ehrlichsten Körperteile. Schuld daran ist das limbische System in unserem Gehirn, durch das wir auf jene Körperteile, die am weitesten vom Gehirn entfernt sind, am wenigsten Einfluss haben. Wenn wir unser Gegenüber schnell einschätzen wollen, sollten wir also mit dem »Scan« unten beginnen und uns nach oben hocharbeiten. Wer zum Beispiel im Gespräch den Fuß in Richtung seines Gesprächspartners zeigt, ist mit dem, was er hört, einverstanden. Umgekehrt signalisiert ein wegzeigender Fuß keine Übereinstimmung.

Mikroausdrücke – einen Lidschlag lang

»Man lügt wohl mit dem Munde; aber mit dem Maule, das man dabei macht, sagt man doch die Wahrheit.« Schon Friedrich Nietzsche, der Autor dieses Zitats, erkannte die Existenz sogenannter mimischer Mikroausdrücke, die Auskunft über die wahren Gedanken und Gefühle eines Menschen geben können. Doch nicht nur Ihr Gesicht kann Bände sprechen, sondern natürlich auch das Ihres Gegenübers. Haben Sie sich nicht auch schon gefragt, was Ihr Gesprächspartner wirklich fühlt oder denkt? Ob er die Wahrheit spricht? Wenn Sie daran zweifeln, achten Sie genau auf seine Mimik. Folgende Signale sprechen für die Unwahrheit:

> plötzliche Emotionen, die zu lange dauern oder zu spät kommen,
> ein regloses Pokerface,
> ein Gefühlsausdruck, der nicht mit der verbalen Aussage übereinstimmt,
> ein auffällig kontrolliertes Verhalten,
> wegwerfende oder wegwischende Bewegungen als Verlegenheitsgesten.

Egal, ob bei Politikern, Entscheidungsträgern in der Wirtschaft oder Verhandlungspartnern im Berufsalltag: Das Gesicht ist dank der Mikroausdrücke ein offenes Buch. Diese Gesichtsregungen erscheinen schnell, sehr schnell sogar – zwischen 125 und 150 Millisekunden lang – und können vom Sender nicht kontrolliert werden. Es ist allerdings auch nicht einfach, sie wahrzunehmen. Nur ein winziger Prozentsatz der Menschen ist in der Lage, jede Emotion richtig zu beurteilen. Für den Laien heißt das: üben, üben und nochmals üben.

So schärfen Sie Ihre Wahrnehmungsfähigkeit

Eine Möglichkeit: Zeichnen Sie Talkshows auf und beobachten Sie die Gesprächsteilnehmer möglichst genau. Schauen Sie sich die Szenen immer wieder an und stoppen Sie an der Stelle, an der Sie einen »verdächtigen« mimischen Ausdruck wahrzunehmen glauben. Oder führen Sie ein Eigenstudium durch. Suchen Sie sich dazu typische Bilder der universellen Mikroausdrücke (unten) und versuchen Sie, diese vor dem Spiegel nachzustellen. Der Effekt dieses Eigenstudiums: Durch das Aktivieren der Muskulatur verankert Ihr Gehirn die entsprechenden Emotionen. Nehmen Sie nun diese Muskelregungen im Gesicht eines anderen Menschen wahr, dann sorgen die Spiegelneuronen in Ihrem Gehirn dafür, dass die jeweilige Emotion sozusagen »abgerufen« wird.

Die acht universellen Gesichtsausdrücke

Jeder Mensch – unabhängig von Nation oder Kulturkreis – kommt mit acht universellen Gesichtsausdrücken zur Welt. Die meisten dieser minimalen und blitzschnellen Regungen erkennen wir rund um die Augen und den Mund. Aber wie? Blicken Sie bei Ihren entscheidenden Fragen direkt in das Gesicht Ihres Gegenübers, nehmen Sie dort ein imaginäres Dreieck mit der Spitze nach unten ins Visier, richten Sie Ihren Fokus auf beide Augen und den Mund, dann können Sie die folgenden wichtigsten Mikroausdrücke erkennen: Fröhlichkeit, Ekel, Verachtung und Zynismus, Angst, Überraschung, Traurigkeit, Sorge sowie Wut.

Fröhlichkeit

Wer lacht, ist fröhlich, findet etwas lustig oder fühlt sich richtig wohl – das lernen wir von klein auf. Das fröhliche Gesicht ist locker und entspannt, um die Augen zeigen sich kleine Fältchen, der Mund ist breit geöffnet und die Wangen sind nach oben gezogen [a].

Doch Fröhlichkeit kann auch vorgetäuscht sein – beispielsweise weil sie in einer bestimmten Situation vom sozialen Umfeld erwartet wird. Dann geben wir uns locker und unbeschwert, lachen auch dann ausgelassen, wenn wir etwas gar nicht witzig finden. Vermutlich haben auch Sie schon gute Laune vorgetäuscht, obwohl Sie sich eigentlich nicht wohlfühlten oder etwas bemüht über einen schlechten Witz gelacht.

Neben dem echten Lachen als Ausdruck von Fröhlichkeit und dem unechten Lachen, um Fröhlichkeit vorzutäuschen, gibt es noch das Lachen in Situationen, in denen es eher unangebracht und manchmal sogar richtig verletzend ist: das Lachen aus Schadenfreude.

Ekel

Diese Emotion ist leicht zu erkennen, da ein großer Bereich des Gesichtes mimisch involviert ist. Erscheint ein Ausdruck des Ekels auf dem Gesicht, hebt sich die Oberlippe, und die Mundwinkel ziehen sich nach unten. Ein charakteristisches Merkmal sind die Falten rund um die Nase. Je mehr Falten, desto intensiver das Gefühl. Spricht ein Kollege sehr charmant über eine Person, Sie bemerken jedoch einen Anflug des beschriebenen Ekels in seiner Mimik, dann sagt er wahrscheinlich nicht seine ehrliche Meinung [b].

a Bei echter Fröhlichkeit ist das Gesicht entspannt, Mund und Augen lachen mit.

b Eine gerümpfte Nase und die Oberlippe nach oben gezogen zeigen Ekel.

Verachtung und Zynismus

Verachtung macht sich meist in der unteren Gesichtshälfte rund um den Mundbereich bemerkbar. Eine Seite der Lippe zieht sich nach oben. Wunderbar beobachten können Sie diese Mimik bei Talkshows. Ein Gast gibt seine Meinung preis und der Konterpart zieht nur verächtlich seine Lippe nach oben, während er vermutlich denkt: »Du hast ja keine Ahnung wovon du sprichst. Ich aber sehr wohl« [c].

Angst

Jeder von uns kennt diese Emotion, und mit Sicherheit war Ihnen auch schon mal die Angst ins Gesicht geschrieben – sei es bei einem besonders gruseligen Horrorfilm oder in Situationen, die Sie selbst erlebt haben. Empfindet eine Person Angst, dann ziehen sich beide Augenbrauen nach oben und zusammen, die Augen können sich weiten. Die unteren Augenlider sind angespannt, und die Lippen ziehen sich verkrampft in Richtung Ohren [d].

Überraschung

Wenn sich beide Augenbrauen zwar nach oben, aber nicht – wie etwa beim zornigen Gesichtsausdruck – zusammenziehen und die Augen weit geöffnet sind, ist das ein Zeichen für Überraschung [e]. Zusätzlich kann auch der Kiefer nach unten fallen. Allerdings muss zwischen positiver und negativer Überraschung unterschieden werden. Übrigens ist Überraschung eine Mimik, die sehr häufig vorgetäuscht wird. Überreichen Sie Ihrem/Ihrer Liebsten beispielsweise ein lang ersehntes Geschenk zum Geburtstag und die Überraschung dauert länger als eine Sekunde, dann wusste er/sie höchstwahrscheinlich bereits von seinem/ihrem Glück.

C Eine Seite des Mundes nach oben gezogen ist ein Zeichen für Verachtung oder für Zynismus.

d   Angehobene, zusam-
mengezogene Augenbrauen,
geweitete Augen und ange-
spannte Lider verraten Angst.

e   Geweitete Augen
und nach oben gezogene
Augenbrauen drücken
Überraschung aus.

Traurigkeit

Bei Traurigkeit verliert die Mimik generell an Spannung, der Gesichtsausdruck ist leblos. Die Augenbrauen sinken nach unten, und auch die Mundwinkel ziehen sich leicht nach unten. Zusätzlich haben wir das Gefühl, der Blick des traurigen Menschen geht ins Leere [f].

Sorge

Sorgt sich ein Mensch, dann ist ein charakteristisches Merkmal das waagrechte Kräuseln in der Mitte der Stirn [g]. Auch leicht angehobene Augenbrauen sind ein unfehlbarer Hinweis auf diese Emotion. Erzählen Sie beispielsweise Ihrem Gesprächspartner von einem geschäftlichen Problem und Sie bemerken Sorgenfalten auf seiner Stirn, dann macht er sich ehrlich Gedanken und bringt auf diese Weise seine Empathie zum Ausdruck.

Wut

Wut oder Zorn fühlt der Mensch häufig instinktiv, da bei dieser Empfindung automatisch das Kampf- oder Fluchtverhalten aktiviert wird. Kommt Ihnen Ihr Chef oder ein Kunde bezüglich einer Reklamation mit einem wütenden Gesichtszug entgegen und sagt die charmanten Worte: »Ich wäre Ihnen sehr dankbar, wenn Sie sich darum kümmern könnten«, dann agieren Sie am besten schnell. Wut oder Zorn erkennen Sie, wenn sich die Augenbrauen senken, die berühmte Zornesfalte zwischen den Augenbrauen sichtbar wird und die Lippen teilweise verblassen, weil sie aufeinandergepresst werden [h]. Noch dazu beginnen die Augen zu glänzen und sind fokussiert. Sagt jemand »Ist schon okay« und zeigt den beschriebenen Gesichtsausdruck, dann versucht er, seine Wut zu unterdrücken.

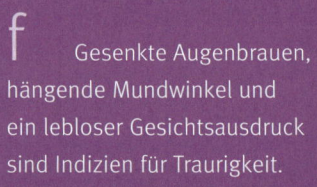

f Gesenkte Augenbrauen, hängende Mundwinkel und ein lebloser Gesichtsausdruck sind Indizien für Traurigkeit.

g   Eine waagrecht gekräu-
selte Stirn mit leicht nach
oben gezogenen Augenbrauen
signalisiert Sorge.

h   Zornesfalten
zwischen gesenkten
Augenbrauen und zusam-
mengepresste Lippen
verraten Wut.

Pupillen verraten vieles

Wollen Sie wissen, ob Sie jemand attraktiv oder begehrenswert findet, dann genügt häufig ein Blick in dessen Augen. Große Pupillen verraten stets Zuneigung [i]. Man fand heraus, dass die Pupillengröße auch durch psychische Komponenten beeinflusst wird. Der für die Größe der Pupille verantwortliche Muskel ist über den Sympathikus indirekt mit dem limbischen System verbunden. Pupillenreaktionen sind also unabhängig von der Lichtintensität. Vergrößern sich die Pupillen, kann das ein Zeichen von Interesse sein. Aber auch ein Zeichen von Angst, Erregung oder Überraschung. Dann spricht man von »schreckgeweiteten« Augen. Beurteilen Menschen eine Situation als negativ, fühlen sie sich überfordert oder haben kein Interesse, dann erschlafft der entsprechende Muskel und die Pupille verkleinert sich. Zusätzlich ziehen sich die Augenbrauen zusammen [j]. Zusammengekniffene Augen sind eine Reaktion auf unangenehme Gedanken oder Gefühle.

Schnelle Augenbewegungen sind ein Zeichen von hoher Aktivität oder Nervosität. Bewegen sich die Augen dagegen sehr langsam oder kaum, kann hohe Belastung der Grund sein.

Verallgemeinernd gelten nach oben gezogene Augenbrauen als Zeichen von Interesse und positiven Gefühlen. Senkt jemand die Augenbrauen, deutet das eher auf negative Gefühle, Anspannung oder Unsicherheit hin.

Ungereimtheiten, die hellhörig machen

Nicht nur mimische Mikroausdrücke können verraten, was jemand wirklich denkt oder fühlt. Der Mix aus gesprochenem Wort und Körpersprache ist der sichere Garant dafür, die Wahrheit zu erfahren. Bei der Wahrheit passen Wörter und nonverbale Signale zusammen. Man spricht von einem kongruenten Verhalten. Die Armbewegungen, der Gesichtsausdruck und die Stimme

i Große Pupillen bekunden Wohlgefallen, Zuneigung und Interesse.

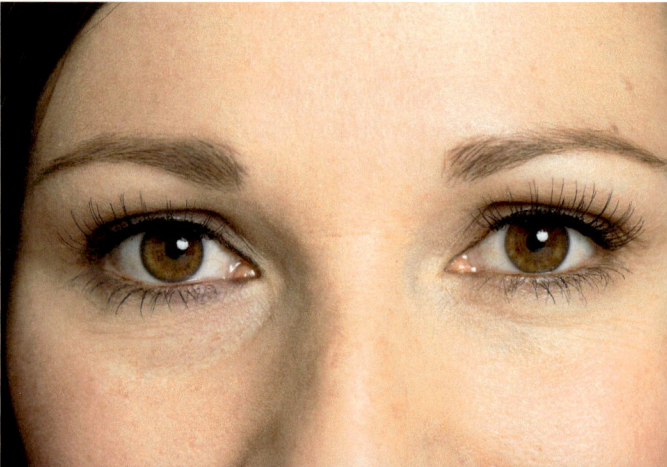

j Verengte Pupillen verraten negative Gefühle oder Überforderung.

(Tonlage, Rhythmus, Pausen, Dynamik) entsprechen den Worten. Verhandeln Sie beispielsweise mit einem wichtigen Geschäftspartner, der erklärt »Ihr Angebot passt vollkommen zu unserem Vorhaben«, Sie nehmen jedoch einen skeptischen Gesichtsausdruck wahr, dann liegt ein inkongruentes, ein nicht übereinstimmendes Verhalten vor. In solchen Fällen ist es angebracht, besonders aufmerksam zu sein. Die folgenden Ungereimtheiten sollten hellhörig machen:

Körpersprache vor Wort

Echte Gefühle zeigen sich vor den gesprochenen Worten. Stellen Sie sich vor, Sie treffen auf einen potenziellen Kunden, Sie begrüßen sich und der Kunde sagt: »Ich freue mich sehr, Sie zu sehen.« Und erst nach den Begrüßungsworten erscheint ein Lächeln in seinem Gesicht. Die Wahrscheinlichkeit, dass er ein wenig flunkert, ist in diesem Fall relativ groß. Oder stellen Sie sich vor, ein Bankvertreter versucht, Ihnen Fonds schmackhaft zu machen. Sie wollen sich vergewissern, dass Ihre Investition auch sicher wäre und fragen ihn: »Können Sie mir garantieren, dass ich keinen Verlust erleide?« Legt er sofort damit los, sich zu »rechtfertigen« und zeigt erst danach mimisch seine Enttäuschung über Ihren Einwand, ist Vorsicht geboten, weil er offenbar auf Ihre Zweifel schon vorbereitet war.

Unstete Gefühlsäußerungen

Angenommen, Sie müssen einen bestimmten Sachverhalt genau abklären und möchten überprüfen, ob alle Fakten auf den Tisch gelegt wurden. Während des ge-

»Weiße« Lügen

Bei den sogenannten »weißen« Lügen handelt es sich um kleine (Not-)Lügen, die dem Gegenüber nicht schaden, sondern eher für dessen Wohlergehen sorgen sollen. Ein Beispiel: Geschäftspartner begrüßen sich häufig mit »Ich freue mich, Sie zu sehen« und behalten einen ernsten Gesichtsausdruck bei. Ein Satz ohne tiefere Bedeutung. Oder: Ein Teamchef möchte seinem Team die Angst vor Gerüchten zur schlechten Umsatzlage nehmen und sagt »Wir stehen gut da. Wir haben alles unter Kontrolle«. Gleichzeitig schüttelt er allerdings leicht den Kopf und schiebt die aufgerichteten Handflächen nach vorne. Die versicherte Kontrolle scheint nicht wirklich vorhanden, aber die Mitarbeiter sind dennoch beruhigt.

samten Gesprächs bemerken Sie bei Ihrem Gesprächspartner starke Gefühlsschwankungen: Ein lachendes Gesicht wird von einer eher ausdruckslosen Mimik abgelöst. Weit aufgerissene Augen wechseln sich mit zusammengekniffenen Augen ab. Auf die in Falten gelegte Stirn folgt eine gerümpfte Nase. Der Mund ist zusammengepresst und bald darauf locker geöffnet. In solchen Fällen sind Zweifel durchaus berechtigt. Der Grund: Untersuchungen haben ergeben, dass Lügner stärkeren Gefühlsschwankungen ausgesetzt sind als Personen, die die Wahrheit sagen. Erfahrene Lügner, aber auch in der Öffentlichkeit stehende Personen wissen das, und versuchen deshalb, ihre Emotionen zu kontrollieren.

Zu lange und übertriebene Emotionen

Flunkern Menschen, dann versuchen sie auch automatisch, falsche Signale auszusenden. Diese dauern häufig einen Sekundenbruchteil zu lang oder decken sich nicht mit der verbalen Aussage. Angenommen, Sie präsentieren einem Verhandlungspartner ein Angebot. Dauert seine Überraschung eine Spur zu lange und wirkt seine Mimik etwas übertrieben, können Sie sicher sein, dass er Ihr Angebot bereits kannte.

Unsymmetrische Anspannung

Zeigen Menschen echte Gefühle, dann erfolgt die Anspannung der Gesichtsmuskulatur symmetrisch. Das bedeutet, linke und rechte Gesichtshälfte werden gleich stark aktiviert beziehungsweise obere und untere Gesichtshälfte spielen gleichmäßig zusammen. Ist jemand zornig, dann presst er die Lippen fest aufeinander und zeigt seine Zornesfalte. Bewegt sich jedoch nur die Stirn, dann ist das kein eindeutiger Beweis für echte Wut. Ein Beispiel: Sie fordern eine Gehaltserhöhung und bemerken, dass sich nur ein Mundwinkel und eine Augenbraue für einige Sekunden nach oben ziehen. Mit diesem Zeichen von Sarkasmus gibt Ihnen Ihr Vorgesetzter indirekt zu verstehen, dass er auf Ihre Forderungen nicht einsteigen wird, auch wenn er momentan vorgibt, es sich überlegen zu wollen.

Nonverbale Signale nutzen

Die Körpersprache ist also das wichtigste und zugleich ehrlichste Instrument für eine überzeugende Wirkung. Und ebenso, wie unsere Haltung, Gesten und Mimik unbewusst viel über unsere wahren Gedanken aussagen, gibt natürlich auch die Körpersprache unserer Mitmenschen über deren Seelenleben wichtige Informationen weiter, die gerade bei eher unpersönlichen Geschäftskontakten von großem Vorteil sein können.

Stellen Sie sich zum Beispiel vor, einer Ihrer Geschäftspartner macht Versprechungen, die wahrscheinlich nicht haltbar sind. Wäre es dann nicht gut, Sie könnten die Diskrepanz zwischen den gesprochenen Worten und den nonverbalen Signalen erkennen? Untersuchungen haben gezeigt, dass die Mimik zwar relativ gut kontrollierbar ist, die Gesamtkörperhaltung und die Bewegungen von Händen, Beinen und Füßen jedoch deutlich weniger. Körperpartien also, die sehr leicht verraten können, dass Ihr Gegenüber nicht unbedingt die Wahrheit sagt oder nicht mit der ganzen Sprache rausrückt.

Die 3-Schritte-Regel

Egal ob Führungskraft, Mitarbeiter, Geschäftspartner, Freund oder Partner. Wir wollen immer wissen, was der andere wirklich denkt. Dabei kommt uns eine Eigenschaft des menschlichen Gehirns zugute. Viele körpersprachliche Signale lassen sich nicht kontrollieren, da sie vom sogenannten limbischen System gesteuert werden. Dieses reagiert reflexartig und in Echtzeit auf bestimmte Situationen, Erlebnisse und Ereignisse. Knallt zum Beispiel jemand fest die Tür zu, dann reagieren wir automatisch mit einem Hochziehen der Schultern und schließen kurz die Augen. Versuchen Sie einmal, nicht so zu reagieren – es wird nicht funktionieren. So sehr wir mit Worten spielen können, so wenig Kontrolle haben wir über unsere unbewusste Körpersprache, die immer die Wahrheit verrät. Und das ist auch gut so, denn Emotionen und natürliche Reaktionen sind ein wesentlicher Bestandteil des Miteinanders und eine gute Informationsquelle, um mehr über einen Gesprächspartner zu erfahren.

Die im nächsten Absatz aufgeführten verräterischen Signale helfen zu erkennen, was Ihr Gegenüber fühlt oder denkt oder welche Handlungsabsichten er hat. Halten Sie sich beim Beobachten jedoch an das höchste Gebot, das Sie möglichst niemals verletzen sollten: Respekt zollen! Gehen Sie diskret vor und verunsichern Sie Ihr Gegenüber nicht! Geben Sie ihm ein gutes Gefühl. Befolgen Sie beim Analysieren immer auch die 3-Schritte-Regel:

1. Beobachten: Halten Sie sich bei der Beurteilung von körpersprachlichen Signalen immer an die Voraussetzungen für die richtige Interpretation (Seite 13).

2. Verarbeiten: Überdenken Sie das, was Sie gesehen haben. Zu welchem Zeitpunkt haben Sie die Reaktion wahrgenommen? Über was haben Sie gerade diskutiert? Waren Sie verantwortlich für das Verhalten? Was haben Sie gesagt, getan, gezeigt?

3. Reagieren: Überlegen Sie sich Ihre Reaktion genau. Ist es notwendig zu reagieren, um möglicherweise Missverständnisse zu begradigen? Oder müssen Sie weitere Alternativen aufzeigen, um das Interesse aufrechtzuerhalten? Wissen Sie wirklich, welche Bedürfnisse Ihr Gesprächspartner in sich trägt? Wenn nicht, dann fragen Sie ihn einfach danach.

Die unkontrollierbare Körperhälfte

Die meisten Menschen sind der Überzeugung, dass am ehesten ein Gesicht die Wahrheit verrät. Und das stimmt auch, mit Einschränkungen. Jede kleinste Emotion spiegelt sich in Mikroausdrücken (Seite 18) wider, in minimalen Kontraktionen diverser Muskelgruppen im Gesicht, die Rückschlüsse zulassen. Allerdings spielen sich diese Bewegungen im Gesicht im Millisekundenbereich ab und sind deshalb nur mit dem geschulten Auge wahrnehmbar. Inzwischen wird immer häufiger davon ausgegangen, dass die distalen Bereiche (also die am weitesten vom Gehirn entfernten, siehe Seite 17) am meisten Aufschluss über die Empfindungen und Handlungsabsichten eines Menschen preisgeben:

Das Fluchtbein

Bei Interesse und Zustimmung sind Fußspitzen und Oberkörper einer Person auf den Gesprächspartner gerichtet. Das können Sie beispielsweise am Flur zwischen Mitarbeitern, am Tresen einer Bar und in Restaurants beobachten. Fühlen sich Menschen in Gegenwart eines anderen wohl, dann zeigen die Fußspitzen direkt auf diese Person, interessiert sich ein Kunde für ein bestimmtes Produkt, dann wendet er sich diesem zu. Und auch beim Flirten sind die Fußspitzen ein entscheidender Indikator. Geht das Interesse verloren, dann wenden sich Fußspitzen oder Oberkörper ab [a]. Manchmal zeigen die Füße der Redner nach dem Vortrag zu schnell Richtung Ausgang, weil sie der Situation am liebsten entfliehen würden.

Der Taktstock

Es vergeht kaum eine Talkshow, in der nicht bei mindestens einer der beteiligten Personen der sogenannte Taktstock zum Vorschein kommt. Will ein Diskutant ein Argument besonders stark betonen, dann unterstreicht er das mit einer rhythmischen Bewegung mit dem Fuß, der kräftig wippt. Genauso verhält sich auch gern ein Redner, der einen Punkt besonders hervorheben möchte und deshalb zu »taktenden« Gesten greift.

Der Stehwipper

Das Fußwippen im Sitzen darf nicht verwechselt werden mit dem Wippen im Stehen. Wippt eine Person im Gespräch, also stellt sie sich auf die Fußballen und rollt wieder auf den vollen Fuß zurück [b], dann ist das ein Zeichen von Selbstbewusstsein und Überzeugung. Diese Haltung im Stehen könnte so gedeutet werden: »Ich

a Bei Desinteresse drehen Fußspitzen oder Oberkörper weg vom Gesprächspartner.

b Sich auf die Fußballen stellen und zurückrollen verrät Selbstbewusstsein.

bin selbstbewusst, überzeugt von der Sache und kann mich etwas größer machen.« Die meisten Menschen fühlen sich in der Gruppe überlegen und wollen Kraft und Macht demonstrieren. Um auf den Ballen zu stehen, müssen nämlich viele Muskelgruppen in Spannung versetzt werden.

Das Bremspedal

So klassisch wie der Taktstock ist auch das Bremspedal. Wer in einer Verhandlungssituation die Fußsohlen zeigt, signalisiert damit ein Bremsen, den Gesprächsinhalt betreffend [c]. Wenn Sie dieses Signal bemerken, können Sie gegenlenken und entweder weitere Optionen anbieten oder Ihrem Gegenüber die Gelegenheit geben,

erst einmal Dampf abzulassen. Wenn sich jedoch nur die Fußspitzen schnell auf und ab bewegen, ist das eher ein Zeichen von Nervosität – möglicherweise geht Ihrem Gegenüber die Sache zu langsam.

Zeit zum Gehen

Einen ungeduldigen Gesprächspartner erkennen Sie daran, dass er sich an ein oder an beide Knie fasst und dabei den Oberkörper deutlich nach vorne beugt, die klassische Fluchtpose [d]. Schiebt er noch einen Fuß oder sogar beide Füße leicht unter den Stuhl nach hinten und sitzt nur noch auf der Stuhlkante, dann ist der Wunsch, das Gespräch zu beenden, kaum noch zu übersehen.

c Wer die Fußsohlen zeigt, ist nervös, hat Bedenken oder Einwände.

d Wer die Knie umfasst und den Oberkörper nach vorne schiebt, möchte gehen.

Die Machopose

Männer tendieren dazu, einen breiteren Stand einzunehmen. Das wird als dominante Geste wahrgenommen und soll ein Zeichen von Macht und Autorität sein. Spannend jedoch ist zu beobachten, dass Personen der obersten Führungsetagen diese Haltung kaum mehr einsetzen. Bei einem breitbeinigen Stand kippen Männer leicht das Becken nach vorne und heben das Kinn an [e]. In dieser Haltung wirken sie alles andere als sympathisch, schon eher distanziert und ablehnend. Diese Haltung lässt sich oft in Konkurrenzsituationen beobachten oder wenn jemand bewusst Dominanz ausstrahlen möchte. Häufig wird aber nur Unsicherheit kaschiert. Besonders junge Führungskräfte wollen ihre vermeintlich geringere Erfahrung durch diese Pose ausgleichen. Doch nur in bedrohlichen Situationen signalisiert diese Haltung Stärke.

e Der breitbeinige Stand mit angehobenem Kinn wirkt überheblich.

f Übereinandergeschlagene Beine wirken feminin und können ein Zeichen für Interesse sein.

Übereinandergeschlagene Beine

Das Übereinanderschlagen der Beine wird häufig mit Kontaktscheue und Verschlossenheit assoziiert. Doch das Gegenteil ist der Fall. Meist ist es ein Zeichen dafür, dass jemand sich wohlfühlt. Frauen nehmen diese Position häufiger ein, um femininer zu wirken [f]. Beim Übereinanderschlagen der Beine ist die Richtung weisend: Wird das linke Bein in Richtung des rechten Gesprächspartners überschlagen, ist es ein Zeichen von Zuwendung. Beobachten Sie bei Ihrem Gesprächspartner, dass er zu Ihren Ausführungen zwar leicht nickt und lächelt, aber dennoch mit seinem übereinandergeschlagenen Bein unruhig auf und ab wippt, werten Sie es als Höflichkeitsgeste. Er würde nämlich gern gehen.

Zur Selbstberuhigung

In stressigen Situationen erzeugt unser Körper automatisch Adrenalin, das für eine erhöhte Spannung im Körper sorgt. Dafür verantwortlich ist unser limbisches System. Automatisch wird ein Urinstinkt in Gang gesetzt: die Kampf- oder Fluchtreaktion. Da es jedoch Situationen gibt, in denen wir weder flüchten noch kämpfen können, hat der Mensch sogenannte adaptive Reaktionen entwickelt, um sich selbst zu entspannen. Je höher das Unbehagen, desto wahrscheinlicher sind Selbstberuhigungsgesten und desto häufiger treten sie auf. Manche Signale sind sofort zu erkennen, andere sind sehr subtil. Achten Sie auch in diesen Fällen immer auf die Baseline (Seite 14) Ihres Gegenübers. Folgende Signale werden am häufigsten registriert:

Die spezielle Atmung

Bevor Menschen auf ein stressiges Ereignis reagieren, halten sie kurzfristig den Atem an und blähen gleichzeitig die Wangen auf, um danach die angestaute Luft auszupusten [g, Seite 32]. Beobachten Sie einmal, wie Politiker auf sehr unangenehme Fragen von Journalisten reagieren oder welche Reaktionen Sie bei einem Verhandlungspartner bemerken, wenn das Gespräch die heiße Phase erreicht hat. Vielleicht kennen Sie eine gefährliche Situation aus eigener Erfahrung: ein Autounfall, der gerade noch glimpflich abgegangen ist, eine harte Landung mit dem Flugzeug. Es gäbe unzählige Beispiele für Situationen, in denen einem im wahrsten Sinn des Wortes der Atem stockt.

Verlegene »Selbstintimitäten«

Werden wir mit etwas Unangenehmem konfrontiert, dann führen wir gern Verlegenheitsgesten und sogenannte Selbstintimitäten aus. Diese werden so bezeichnet, weil sie als unbewusste Nachahmung einer Berührung Behagen bereiten. Dabei werden Teile des Kopfes berührt, wird über Gesicht und Hals, oberhalb oder entlang der Augenbraue [h, Seite 32], über die Stirn oder die Schläfe gestrichen oder an ein Ohrläppchen und sehr gern an die Nase [i, Seite 32] gefasst. Verhaltensforscher haben beobachtet, dass solche Berührungen Rückschlüsse auf die seelische Verfassung zulassen. Männer tendieren dazu, an den Krawattenknoten zu greifen, um sich »mehr Luft zu verschaffen« oder sie streichen sich mit der Hand über den Nacken. Frauen berühren gern die Halskuhle [j, Seite 32] oder spielen mit einer Halskette.

g Atem anhalten, Wangen aufblähen, angestaute Luft auspusten heißt: stressige Situation.

h Mit zwei Fingern entlang der Augenbraue streichen zeigt: etwas ist unangenehm.

i Männer fassen sich aus Verlegenheit
gern an Nase.

j Frauen berühren aus Verlegenheit
häufig ihre Halskuhle.

k Wer mit der Zunge seine Lippen befeuchtet,
will sich damit beruhigen.

l Starkes Gähnen bewirkt eine tiefe Ein-
und Ausatmung, das trägt zur Entspannung bei.

Schlucken, Gähnen, Lippen befeuchten

Befinden wir uns in einer Stresssituation, dann bekommen wir automatisch einen trockenen Mund. Wenn Sie öfter Vorträge oder Präsentationen halten, dann kennen Sie das: Plötzlich benötigen wir dringend Wasser, damit die Worte wieder flüssig aus uns herauskommen. Sind wir nervös, dann läuft automatisch das instinktive Kampf- oder Fluchtprogramm im Gehirn ab, unsere Verdauungsprozesse verlangsamen sich und die Speichelproduktion im Mund wird reduziert. Aufgrund der trockenen Mundhöhle tendieren wir dazu, stärker zu schlucken. Ein auffälliges Schlucken – das besonders bei Männern mit Adamsapfel gut sichtbar ist – ist ein deutliches Signal für eine Stressreaktion. Der Betroffene möchte sich beruhigen. Gleiches gilt für das Benetzen der trockenen Lippen mit feuchter Zunge [k]. In beiden Fällen möchte man das ungute Mund- und Lippengefühl ändern.

Manche Menschen beginnen in Stresssituationen sehr stark zu gähnen [l]. Der Grund: Dadurch müssen sie unbewusst tief einatmen, was zur Beruhigung und Entspannung beiträgt. Wie weitverbreitet dieses Phänomen ist, habe ich bei meinen Vorträgen selbst schon erlebt. So manches Mal fragte mich ein Auftraggeber, ob er mir noch schnell einen doppelten Espresso bringen dürfe. Doch in Wahrheit war ich in dieser Phase hoch konzentriert. Das Gähnen war nichts anderes als ein Selbstentspannungsprogramm.

Das Spiel mit der Stimme

Eine Freundin erhöht in angespannten Situationen rasant ihr Sprechtempo. Sie redet ohne Punkt und Komma. Es ist ihre Art, überschüssige Energie abzubauen. Ein Phänomen, das besonders bei Frauen häufig anzutreffen ist. (Auf Seite 54 lesen Sie, welche Bedeutung die Stimme hat und wie Sie sie vorteilhaft einsetzen.) Andere wiederum beruhigen sich, indem sie summen oder pfeifen. Das lenkt ab und gibt ihnen ein gutes Gefühl.

Auf einem Flug nach Berlin beobachtete ich einmal einen Mann neben mir, der einen erhöhten Lidschlag hatte, seinen Schulterbereich anspannte und sich krampfhaft an den Armlehnen festhielt. Es war unschwer zu erkennen, dass seine Freude am Fliegen nicht groß war. Kurz vor dem Start kam es noch zu einer Steigerung: Er begann zu pfeifen. Die Blicke, die er von den Mitreisenden erntete, waren alles andere als verständnisvoll oder gar charmant. Ich sprach ihn mit einer leichten Berührung am Unterarm auf seine Flugangst an. Zuerst reagierte er ein wenig verdutzt, war dann jedoch ausgesprochen dankbar, dass ich ihn mit vielen Fragen ablenkte.

Gebührende Aufmerksamkeit

Um körpersprachliche Signale zu erkennen und entsprechend reagieren zu können, sollten Sie Ihrem Gesprächspartner stets die volle Aufmerksamkeit schenken. Beobachten Sie seine Körpersprache, ohne ihn dabei »durchleuchten« zu wollen. Ein Grundsatz für jede akzeptable und erfolgreiche Kommunikation.

Körpersprache im Vorstellungs-gespräch

Glückwunsch! Ihre Bewerbungsunterlagen haben einen positiven Eindruck hinterlassen, Sie haben die Einladung zu einem persönlichen Vorstellungsgespräch erhalten, da der potenzielle Arbeitgeber Sie fachlich für geeignet hält. Damit sind Sie Ihrem Ziel schon ein gutes Stück näher gerückt. Bisher haben Sie also alles richtig gemacht. Nun wollen Sie den Weg auch erfolgreich zu Ende gehen und die Stelle bekommen. Doch das persönliche Vorstellungsgespräch ist eine der größten Hürden im Bewerbungsmarathon. Denn gerade in einer Situation, in der Sie partout brillieren wollen, kommt es »erstens anders und zweitens als man denkt«. Dabei sorgen sich Bewerber meist darum, dass das, was sie sagen oder auch nicht sagen, ihre Chancen minimieren könnte. Ein Irrtum. Natürlich gilt es, die ei-gene Kompetenz auch verbal zu vermitteln und keinen nervositätsbedingten Unsinn zu erzählen. Doch die Annahme, dass jedes Wort und jede Formulierung auf die Goldwaage gelegt werden, stimmt nicht. Was für die endgültige Beurteilung viel mehr ins Gewicht fällt, ist das, was wir nonverbal kommunizieren – mithilfe unseres Körpers. Die Körpersprache bestimmt zu etwa 80 Prozent den Gesamteindruck, den andere Menschen von uns haben, unabhängig von der Situation. Der Grund: Haltung, Gestik, Mimik und Stimme liefern nicht nur mehr, sondern auch ehrlichere Informationen über einen Menschen als Worte es könnten. Deshalb ist es gerade für ein Bewerbungsgespräch so wichtig, zu wissen, wie man auf andere wirkt. Und natürlich auch, wie man die eigene Wirkung optimieren kann.

Gut vorbereitet – die beste Voraussetzung

Sich gut und kompetent zu zeigen, ist das oberste Ziel, das Sie bei einem Vorstellungsgespräch verfolgen werden. Darauf sollten Sie sich konzentrieren. Fühlen und präsentieren Sie sich selbstbewusst und überzeugend, wird auch das, was Sie über sich erzählen, einen überzeugenden Eindruck hinterlassen.

Nur keine Nervosität!

Das klingt eigentlich recht leicht, ist aber nicht unbedingt einfach. Der Grund: Solange wir uns in gewöhnlichen Alltagssituationen befinden, sind wir entspannt und völlig rational bei der Sache. Finden wir uns allerdings plötzlich in einer ungewohnten Situation wieder, verabschiedet sich unser sachliches Denken vorübergehend. Umso mehr Bedeutung kommt in solchen Situationen unserer Körpersprache zu. Auch bei ihr macht sich natürlich unsere Nervosität bemerkbar, da wir sie nicht von einem Moment auf den anderen wie ein Kostüm oder einen Anzug ablegen können. Dennoch können wir unsere nonverbalen Signale ein wenig kontrollieren beziehungsweise steuern – was nicht heißt, dass sich jemand, der grundsätzlich eher schüchtern ist, plötzlich als Ausbund an Selbstsicherheit verkaufen kann. Diese Steuerung hat einen positiven Nebeneffekt: Beruhigen wir unsere Körpersprache, beruhigen sich auch unsere Gedanken, und wir können um ein Vielfaches entspannter agieren und uns positiv präsentieren – mit und ohne Worte.

Die eigene Wahrnehmung schulen

Wichtigste Voraussetzung für ein erfolgreiches Training ist eine gute Wahrnehmung des eigenen Körpers. Denn genauso wenig, wie es möglich ist, einen nicht bewussten kleinen Sprachfehler zu korrigieren, können Sie an Ihrer Körpersprache arbeiten, wenn Sie gar nicht wissen, an welcher Stelle Verbesserungsbedarf besteht. Zugegeben, sich selbst objektiv zu beobachten und richtig wahrzunehmen, ist alles andere als einfach. Aber schon das Bewusstsein für die eigene Körpersprache zu wecken, die einem oft gar nicht wirklich klar ist, kann einiges bewirken. Und sobald Sie dann Ihre individuelle Körpersprache kennen, können Sie auch gezielt an ihr arbeiten. Wichtig: Üben Sie einen wertfreien und vor allem entspannten Umgang mit sich selbst!

So kommen Sie ins Gleichgewicht

In der »eigenen Mitte« zu sein, ist gerade in außergewöhnlichen Situationen wie bei einem Vorstellungsgespräch die beste Basis, um einen gewinnenden Eindruck zu machen. Durch eine intensivere Körperwahrnehmung erreichen Sie eine gute Balance aus körperlicher Spannung und Entspannung. Für sich genommen ist weder das eine noch das andere in ausgeprägter Form erstrebenswert. Eine permanente psychische Anspannung wirkt sich direkt auf den Körper aus und führt beispielsweise zu Blockaden oder Verspannungen. Sind Sie dagegen grundsätzlich zu entspannt – anders gesagt: lassen Sie sich in der Regel eher hängen –, wirkt auch das auf Ihre innere Einstellung. Sie werden phlegmatischer, und es fehlt Ihnen zunehmend an Power und Engagement. Sie sollten sowohl das eine als auch das andere vermeiden. Um den Körper intensiver wahrzunehmen und eine angemessene Körperspannung zu erreichen, helfen zwei einfache Übungen für den Alltag.

Mit der ersten Übung finden Sie mühelos Ihre Körpermitte:

› Nehmen Sie eine bequeme, aber nicht zu lässige Haltung ein. Verteilen Sie das Gewicht gleichmäßig auf beide Beine in Hüftbreite und gehen Sie leicht in die Knie.

› Konzentrieren Sie sich auf Ihre Haltung (siehe Kasten rechte Seite). Schließen Sie die Augen, beobachten Sie sich von innen heraus. Gewinnen Sie bewusst an Bodenhaftung, spüren Sie Ihren Standpunkt.

› Achten Sie auf einzelne Körperregionen und deren Positionen: das Becken, die

a   Mit aufrechter Haltung, Kopf gerade, Beine in Hüftbreite nach vorne pendeln ...

b   ... und wieder zurück. Können Sie spüren, wo sich Ihre eigene Mitte befindet?

Wirbelsäule, die Schultern, die Arme und auf den Kopf. Überprüfen Sie Ihre Haltung immer wieder. Nehmen Sie sie jedoch nur wahr, ohne sie zu bewerten.

> Atmen Sie bewusst, ruhig und gleichmäßig ein und aus.

> Pendeln Sie nun leicht von rechts nach links und vor [a] und zurück [b], ohne den Platz zu verlassen. Versuchen Sie, Ihr eigenes Zentrum zu erspüren.

Sobald Sie Ihre Körpermitte gefunden haben, können Sie bei der zweiten Übung an sich selbst wachsen – im wahrsten Sinne des Wortes:

> Stehen Sie aufrecht, die Beine hüftbreit. Atmen Sie bewusst, ruhig und gleichmäßig ein und aus.

> Lassen Sie nun die Schultern nach unten fallen. Ihr Halsbereich sollte vollkommen frei sein. Stellen Sie sich vor, wie Sie an einem unsichtbaren Faden am Kopf senkrecht nach oben gezogen werden.

> Wachsen Sie nach und nach in die Höhe, während die Schultern in Richtung Boden streben. Wichtig: Verkrampfen Sie nicht. Atmen Sie weiter ruhig ein und aus.

> Halten Sie die aufgebaute Position für einige Momente und entspannen Sie bei einer tiefen Ausatmung. Spüren Sie, wie Ihre natürliche Körperspannung zurückkommt und wie diese Übung Sie aufrichtet – auch mental?

Übung macht den Bewerbungsmeister

Nicht nur für Bewerbungsgespräche gilt: Je schlechter die Vorbereitung, desto größer die Unsicherheit. Je unsicherer, desto geringer die Überzeugungskraft. Deshalb

Die selbstbewusste Haltung

Stellen Sie sich hüftbreit fest auf beide Beine. Der Kopf ist gerade. Lassen Sie Ihre Arme fallen und ballen Sie Ihre Hände zu Fäusten, die Daumen zeigen nach vorne. Wenn Sie jetzt die Daumen zur Seite drehen, während Sie Ihre Arme hängen lassen, aktivieren Sie automatisch die Rückenmuskulatur, und Ihre Brust hebt sich an. So wirken Sie locker und dennoch selbstbewusst.

Gewöhnen Sie sich systematisch an diese Haltung. Ob Sie wirklich selbstbewusst und aufrecht stehen, kontrollieren Sie, indem Sie sich so an die Wand stellen, dass Rücken und Kopf diese berühren.

sollten Sie sich auf klassische Situationen einstellen und sie möglichst oft durchspielen. Sie können bei einem Bewerbungsgespräch relativ sicher davon ausgehen, dass zu eventuellen Lücken oder Brüchen in Ihrer Vita Nachfragen auftauchen. Diese sollten Sie schlüssig und ohne langes Nachdenken beantworten können. Auch Fragen nach den persönlichen Stärken und Schwächen werden bei neun von zehn Vorstellungsgesprächen gestellt. Auch darauf können Sie sich bestens vorbereiten – sowohl die verbalen Antworten als auch die nonverbalen Signale betreffend. Je besser Sie sich mental auf das bevorstehende Gespräch einstellen, desto mehr Souveränität werden Sie im entscheidenden Moment ausstrahlen. Mit Hilfe Ihres »Kopfkinos« (siehe nächste Seite) können Sie sich diese Sicherheit Schritt für Schritt erarbeiten.

Der Film läuft

Ihr Drehbuch für das Bewerbungsgespräch beinhaltet folgende Szenen:

› Stellen Sie sich vor, wie das Gespräch ablaufen könnte. Welche Fragen könnte Ihr Gegenüber stellen? Was würden Sie darauf antworten? Wie sähe Ihre jeweilige Körpersprache aus?

› Machen Sie sich eine Liste, welche Kernbotschaften Sie Ihrem Gesprächspartner unbedingt vermitteln wollen.

› Üben Sie Ihren Part des gedachten Interviews vor dem Spiegel und beurteilen Sie sich danach selbst.

› Trainieren Sie gezielt Ihre nonverbalen Signale so lange, bis Ihnen eine optimale Sitzhaltung (Seite 48), angemessene Gesten und eine entspannte Mimik in Fleisch und Blut übergehen.

› Testen Sie unterschiedliche Gesten und Mimik und deren Wirkung, um ein Gefühl für die entsprechende Bedeutung Ihrer Körpersprache in einer so wichtigen Situation zu bekommen.

› Schauen Sie bei den Profis ab. Achten Sie genau auf die Körpersprache von Politikern oder Schauspielern und finden Sie heraus, was besonders sympathisch, überzeugend und souverän wirkt.

› Wenn Sie sich sicherer fühlen, üben Sie auch mit Freunden. Und tauschen Sie sich vor allem darüber aus, wie bestimmte nonverbale Signale bei Ihrem Gegenüber ankommen und was sie vermitteln.

Ein Tag Trainingspause

Obwohl sich fleißiges Üben bezahlt macht in Form von neu gewonnener Sicherheit, sind auch Trainingspausen wichtig, um die erarbeiteten Fähigkeiten und Erkenntnisse zu festigen. Vor einem Bewerbungsgespräch gönnen Sie sich am besten einen Tag Auszeit, um zur Ruhe zu kommen, sich zu sammeln und Ihre Ziele noch einmal zu visualisieren. Aber eignen Sie sich nichts Neues mehr an. Sorgen Sie für eine entspannte Atmosphäre und vermeiden Sie jeglichen Last-Minute-Stress. Wenn Sie Ihre To-Do-Liste rechtzeitig abgearbeitet haben, können Sie diesen Tag getrost dafür nutzen, Ihr Selbstbewusstsein zu stärken, indem Sie sich in Erinnerung rufen, welche Kompetenzen Sie vorzuweisen haben. Lassen Sie keine negativen Gedanken zu, sondern stimmen Sie sich positiv, erwartungsvoll und freudig auf die kommende Situation ein. Ein Wellnesstag oder ein Sportprogramm, bei dem Sie sich auspowern, könnte Sie ablenken und entspannen. Mit dem Ruhetag erreichen Sie zweier-

Kleine feine Sprechübungen

Auch die Stimme und die Art des Sprechens tragen viel zu Ihrer Gesamtwirkung bei. Zwei simple Übungen für eine positive Wirkung:

› Gegen Nuscheln hilft die Wortkombination SCHWOB – SCHWUB – SCHWAB – SCHWEB – SCHWIB. Sagen Sie diese Wörter in immer schneller werdendem Tempo laut vor sich hin.

› Zur Aktivierung der Sprechmuskulatur stecken Sie einen Flaschenkorken zwischen Ihre vorderen Schneidezähne und sprechen Sie dann einen beliebigen Text – so deutlich und so stimmgewaltig wie es Ihnen möglich ist.

lei: Ihre gerade gewonnene Sicherheit geht nicht wieder verloren (»Meine Übungsphase ist noch nicht abgeschlossen«) und Sie verlieren den Tunnelblick, den Sie momentan haben, weil Sie ausschließlich auf Ihre Wirkung fokussiert waren. Der Abstand zu sich selbst ist nötig, um den Blickwinkel zu erweitern. Denken Sie daran, dass sich Ihr Bewerbungsgespräch nicht aus vielen einzelnen Details zusammensetzt, sondern als Gesamtsituation zu sehen ist. Das ist vor allem für Ihre Körpersprache wesentlich, denn die wichtigste Grundregel für eine optimale Wirkung lautet, natürlich und authentisch zu sein. Das heißt, sich nicht krampfhaft auf bestimmte Gesten und nonverbale Signale zu konzentrieren, sondern bewusst unbewusst auf die eigene überzeugende Körpersprache zu vertrauen – und die haben Sie ja inzwischen ausreichend trainiert.

Souveräne Gedanken – souveräne Wirkung

Bei aller Vorbereitung und den Übungen in Sachen Haltung, Gestik und Mimik und besonders im Hinblick auf eine möglichst authentische Wirkung sollte eines immer klar sein: Wer seine äußere Wirkung optimieren will, muss gleichzeitig auch an seiner mentalen Einstellung arbeiten. Alles andere wäre eine Selbsttäuschung, die nur eine Diskrepanz zwischen verbalen und nonverbalen Signalen zur Folge hätte. Wenn Sie es jedoch schaffen, Ihre innere Haltung zu einer bestimmten Situation zu ändern, zum Beispiel indem Sie sich bewusst machen, dass ein Vorstellungsgespräch keine beängstigende oder

gar bedrohliche Angelegenheit ist, verändert sich automatisch auch Ihre Körpersprache. Beispielsweise kommuniziert eine klar strukturierte Person nonverbal eher ruhig, während ein interessierter Mensch sich einer sehr wachen Körpersprache bedient. Wer begeistert ist, wird sich auch so zeigen können. Und ein energischer und fordernder Kandidat wird mit einem kraftvollen und raumgreifenden Körperausdruck auftreten.

Auf Ihre Bewerbungssituation angewandt bedeutet das: Gehen Sie entschlossen und mit Vorfreude in das Gespräch. Bereiten Sie sich mental darauf vor, wie Sie erscheinen und wirken wollen. Dann gelingt Ihnen auch ein positiver Auftritt. Zeigen Sie echtes Interesse an der Situation und den beteiligten Personen. Führen Sie sich Ihre Fähigkeiten und Fertigkeiten bewusst vor Augen. Schließlich wirken Sie als Bewerber nur dann souverän, wenn Sie selbst an sich glauben, Lust auf die neue Position haben und sich in der Gesprächssituation wohlfühlen. Dann kommt die wirkungsvolle Körpersprache ganz automatisch.

Viele Details formen die Persönlichkeit

Die Körpersprache besteht aus vielen einzelnen Komponenten, die nur zusammen eine Aussagekraft besitzen. Angefangen von der Körperhaltung, reicht das nonverbale Sprachrepertoire über Gesten und Mimik bis hin zum Blickkontakt. Alles können Sie für einen positiven Eindruck wirkungsvoll einsetzen.

Der erste Eindruck? Hier entscheidend!

Tagtäglich treffen wir Menschen zum ersten Mal und machen neue Bekanntschaften. Nicht immer sind solche Begegnungen von großer Bedeutung – manchmal aber schon, beispielweise bei einem Vorstellungsgespräch. In den seltensten Fällen kennen Sie den Chef oder Personalverantwortlichen bereits, der Sie empfängt und der schließlich über Ihr »Schicksal« entscheidet. Und auch diese Person weiß bis zu diesem Moment nur das über Sie, was Sie in Ihren Bewerbungsunterlagen preisgegeben haben. Was passiert also? Zwei sich völlig fremde Menschen treffen aufeinander und bilden sich einen ersten Eindruck. Wobei in diesem Fall der Eindruck, den Sie vermitteln, unmittelbar Folgen nach sich zieht.

Warum das so ist, weiß jeder aus eigener Erfahrung. Lernen wir jemanden neu kennen, empfinden wir unbewusst sofort Sympathie oder auch nicht, ohne das begründen zu können. Der Kopf trifft diese erste Entscheidung in nur wenigen Sekunden, mit Einsatz aller Sinne. Visuell nehmen wir auf einen Blick Aussehen, Kleidung, Haltung, Gestik und Mimik wahr. Akustisch registrieren wir sofort die Stimme inklusive Aussprache und Dialekt. Und noch ein weiteres wichtiges Sinnesorgan, die Nase, ist beteiligt. Die Redewendung »jemanden riechen können« kommt nicht von ungefähr. All diese Eindrücke, die wir in gerade mal vier Sekunden verarbeiten, führen zu einem ersten Urteil. Dass diese ersten Sekunden die alles entscheidenden sind – wie oft behauptet wird –, ist dennoch etwas übertrieben. Natürlich ist es vorteilhaft, schon auf den ersten Blick punkten zu können. Doch Ihr Gespräch beginnt erst, und Ihnen bieten sich noch ausreichend Chancen, einen sympathischen und kompetenten Eindruck zu vermitteln – mithilfe einer optimalen Körpersprache.

Schritt für Schritt überzeugen

Die ersten Sekunden eines Vorstellungsgesprächs sind meist im wahrsten Sinne des Wortes der erste Schritt auf dem Weg zu einem neuen Job – nämlich wenn es gilt, das Unternehmen zu betreten. Bereits die Empfangsdame oder eine Assistentin kann Sie mustern. Deshalb beginnt schon hier Ihre persönliche Performance, die überzeugen soll. Wie? Nehmen Sie eine aufrechte aber entspannte Haltung ein, frei nach dem Motto: Kopf hoch, Bauch rein, Brust raus [a]. Allerdings sollten Sie dabei nicht militärisch oder steif wirken. Betreten Sie lächelnd und mit festen Schritten den Raum. Nach vorne fallende Schultern und ein zum Boden gerichteter Blick sind Zeichen für mangelndes Selbstbewusstsein [b].

Handfeste Argumente für Ihren Erfolg

Ihrem »Auftritt« folgt die nächste entscheidende Etappe: die Begrüßung. Mit Ihrem Händedruck vermitteln Sie sehr viel mehr Signale, als Ihnen und womöglich auch Ihrem Gegenüber bewusst ist – umso mehr sollten Sie hier einige wichtige Regeln befolgen: Warten Sie immer, bis Ihnen die Hand gereicht wird – laut Knigge läutet der sogenannte Hochrangigere, in diesem Fall Ihr potenzieller neuer Arbeitgeber, die Begrüßung ein. Sollten Sie im Sitzen warten, stehen Sie rechtzeitig auf, wenn der Personalchef auf Sie zukommt. Der Händedruck ist maßgeblich für den weiteren Verlauf des Gesprächs. Achten Sie also auf einen guten Start, indem Sie bereits mit der Begrüßung entschlossen und zielstrebig, aber nicht rücksichtslos oder langweilig erscheinen. Eine US-amerikanische Studie ergab, dass ein Bewerber mit einem kurzen und festen Händedruck größere Erfolgschancen hat als ein zu schwacher oder zu starker Händeschüttler. Mit ein paar einfachen Regeln ist Ihr Handschlag optimal:

a   Mit einer aufrechten, aber entspannten Haltung strahlen Sie Souveränität aus.

b   Nach vorne fallende Schultern und der Blick nach unten gerichtet, wirkt unsicher.

1. Fassen Sie die gesamte Hand Ihres Gesprächspartners [c]. Je größer die Berührungsfläche, desto selbstsicherer und freundlicher wirkt die Begrüßung. Die Bewegung sollte bedacht flüssig sein. Zu große Dynamik wirkt schnell hektisch oder gar bedrohlich. Bei nicht ganz geschlossener Hand wirkt der Handschlag lasch [d]. Ein Hohlraum zwischen den Handinnenflächen bedeutet momentane Zurückhaltung [e].

2. Halten Sie die sogenannte Intimdistanz zum Gesprächspartner ein. Als Faustregel für einen angemessenen Abstand zwischen zwei Personen gelten etwa 50 Zentimeter, der ausgestreckte Arm oder ein 90°-Winkel von Ober- und Unterarm. Was darunter liegt, wird als unangenehm

Der Händedruck – eine Visitenkarte

Der Händedruck hat eine nicht zu unterschätzende Aussagekraft. Deshalb sollten Sie gerade im Berufsleben wissen, was aus einem Händedruck zu schließen ist:

› Ein fester Händedruck lässt auf einen ebenso festen, selbstsicheren und zielstrebigen Charakter schließen.

› Ein lascher Händedruck, bei dem die Finger nicht gestreckt werden und die andere Hand nicht richtig gegriffen wird, deutet dagegen auf einen unsicheren Menschen hin.

› Setzt jemand zur Begrüßung seine ganze Hand ein, sodass die Hände tief ineinandergreifen, signalisiert er »ich bin für alles offen«. Dieser Mensch zeigt vollen Einsatz.

› Wer beim Händeschütteln einen Hohlraum zwischen den Handinnenflächen formt, ist zwar offen, will aber im Moment noch nicht alles von sich preisgeben.

› Auch jemand, der Ihnen eine »steife« Hand zur Begrüßung reicht, möchte auf Distanz bleiben.

› Wer Ihnen nur ein paar Finger entgegenstreckt, ist körperlich zwar anwesend, aber emotional nicht beteiligt.

› Zeigt Ihr Handrücken bei der Begrüßung nach unten, haben Sie es mit einer dominanten und entschlossenen Person zu tun.

› Bestimmend wirkt auch jemand, der mit seiner freien Hand Ihren Unterarm greift. Er will Sie unterstützen und führen.

› Anderes will ausdrücken, wer seine freie Hand auf die Oberseite Ihrer »Begrüßungshand« legt. Diese emotionale Geste kann als sehr wertschätzend verstanden werden.

› Nicht zu verwechseln ist dieser Händedruck mit der sogenannten »Gebrauchtwarenhändler-Attitüde«, bei der die entgegengestreckte Hand seitlich mit beiden Händen gegriffen wird. Auf diese Weise soll eine scheinbare Vertrautheit erzeugt werden, was nicht immer angebracht ist.

empfunden, zu große Distanz signalisiert »ich halte dich lieber auf Abstand«.

3. Feuchte Hände sind unangenehm – für beide Seiten. Ein Taschentuch in der Hosen- oder Jackentasche macht es möglich, die Hände kurz vor der Begrüßung unauffällig zu trocknen.

4. Auch die Körperhaltung ist ein wichtiger Faktor bei der richtigen Begrüßung.

Also nicht zu weit nach vorne neigen, denn jede noch so leicht gebückte Haltung wirkt unterwürfig.

5. Vermeiden Sie auf jeden Fall eine »Handkuss-Haltung«, bei der Sie das Handgelenk abknicken und mit den Fingern nach unten zeigen [f]. Damit verwehren Sie Ihrem Gesprächspartner auch, Ihre Hand richtig zu fassen.

c Bei einem richtigen Händedruck fassen Sie die ganze Hand.

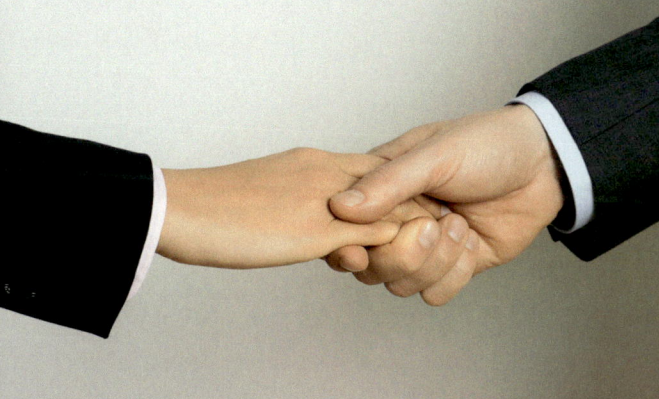

d Wenn die Hand nicht geschlossen wird, ist der Händedruck lasch.

e Wer einen Hohlraum zwischen den Händen formt, will noch nichts preisgeben.

f Die »Handkuss-Haltung« mit abgeknicktem Handgelenk sollten Sie vermeiden.

Bleiben Sie souverän

Die ersten Minuten eines Vorstellungsgesprächs, die die schwierigsten sind, tragen wesentlich zum Gesamteindruck über einen Bewerber bei. Doch gerade während dieses Auftakts, wenn das fachliche Gespräch noch nicht begonnen hat, fühlen sich Jobanwärter am unsichersten. Die gesamte Situation, der Gesprächspartner und die Umgebung sind völlig unbekannt. Man weiß oft nicht, wie man sich verhalten soll. Doch gerade das Verhalten in dieser Übergangsphase von der Begrüßung zum eigentlichen Gespräch sagt viel über eine Person aus und wird von einem künftigen Arbeitgeber meist genau registriert. Deshalb sollten Sie gerade jetzt einen selbstsicheren und souveränen Eindruck machen und nicht ängstlich wirken. Körperliche Verkrampfungen interpretiert nicht nur Ihr Gesprächspartner als Überforderung, Unsicherheit oder sogar Inkompetenz. Auch Ihr eigenes Gehirn erhält Stresssignale, wenn Sie sich beidhändig am Stuhl festhalten und dazu noch mit Ihren Beinen die Stuhlbeine umklammern. Nur logisch, dass sich Ihre Unsicherheit wie eine Spirale nach oben dreht. Deshalb ist es ratsam, sich die Signale Ihres Körpers bewusst zu machen und ihnen gezielt entgegenzusteuern.

Signale, die Sie vermeiden sollten

Unsicherheitsreflexe können sich in Haltung, Gestik und Mimik ausdrücken. Sie verraten Nervosität – schlimmstenfalls machen Sie sogar Ihren Gesprächspartner nervös damit. Wer es schafft, solche Zeichen von Unsicherheit in den ersten Minuten eines Bewerbungstermins zu vermeiden, wird sich zwangsläufig selbst beruhigen und entspannter dem weiteren Verlauf des Gesprächs folgen. Ein bisschen Lampenfieber allerdings ist ein gutes Aufputschmittel und wird von Personalchefs als völlig normal angesehen. Entscheidend ist nur, dass Ihre Aufregung nicht die Oberhand gewinnt und das gesamte Gespräch prägt. Zum Körpersprache-Wortschatz, der auf mangelndes Selbstbewusstsein schließen lässt und den Sie daher besser vermeiden sollten, gehören:

› bei der Begrüßung zurückweichen,
› den Oberkörper vom Gesprächspartner abwenden,
› eine zu große Distanz aufbauen,
› die Nase rümpfen [g],
› sich permanent am Kopf oder im Halsbereich berühren,
› den Kopf immer wieder ruckartig zurückwerfen,
› den Kopf nach unten neigen,
› mit dem Bein wippen,
› mit den Füßen die Stuhlbeine umschlingen [h],
› im Stehen unruhig herumzappeln oder im Sitzen auf dem Stuhl herumrutschen,
› die Stuhllehne oder den eigenen Körper mit den Armen umklammern [i],
› ständig die Brille hochschieben [j], an den Haaren drehen oder den Schmuck zurechtrücken,
› mit den Armen herumfuchteln,
› Hände hinter dem Rücken verstecken,
› die Hände vor der Brust falten,
› nervös mit den Fingern spielen oder auf den Tisch trommeln.

g Wer die Nase rümpft, wirkt nicht nur nervös, sondern auch verächtlich.

h Wer seine Füße um die Stuhlbeine schlingt, hat wenig Selbstbewusstsein.

i Auch wer den eigenen Körper umklammert, macht keinen souveränen Eindruck.

j Ständig die Brille hochzuschieben, zeugt von Nervosität.

Machen Sie sich zum Favoriten

Haben Sie die erste Hürde mit der Begrüßung geschafft, beginnt der entscheidende Part des Gesprächs, in dem Sie sich bestmöglich verkaufen wollen, sowohl durch das, was Sie sagen, als auch durch die Art und Weise, wie Sie sich präsentieren. Schließlich ist der Austausch nonverbaler Signale zwischen Bewerber und Personalchef ebenso wichtig wie das eigentliche Gespräch. Denn es fließt alles, was Sie nonverbal kommunizieren, in die Gesamtbeurteilung mit ein und entscheidet bei Ihrem Gesprächspartner über Sympathie oder Antipathie – also Daumen rauf oder runter. Diese erste Einschätzung können Sie beeinflussen, indem Sie dafür sorgen, dass die Selbst- und die Fremdwahrnehmung Ihrer Körpersprache möglichst deckungsgleich sind. Das bedeutet: Je besser Sie Ihre Körpersprache einordnen und einschätzen können, desto eher können Sie darauf Einfluss nehmen und haben somit Ihre Wirkung bis zu einem erheblichen Prozentsatz selbst in der Hand. Sobald Ihre nonverbalen und verbalen Aussagen völlig übereinstimmen, wirken Sie glaubwürdig. Zusätzlich können Sie die Bedeutung dessen, was Sie sagen, mit Ihrer Körpersprache bewusst steuern.

Authentizität ist Trumpf

Authentizität ist der Schlüssel zu einer optimalen Wirkung – zeigen Sie sich so, wie Sie sind und vertrauen Sie in erster Linie auf Ihre intuitive nonverbale Kommunikation, die Sie je nach Situation optimieren können. Dazu zählt Ehrlichkeit, die in jeder Hinsicht Ihr oberstes Credo sein sollte. Es bringt Sie keinen Schritt weiter, wenn Sie sich mit nicht vorhandenen Kompetenzen und Fähigkeiten schmücken. Sobald Sie es mit der Ehrlichkeit nicht mehr genau nehmen, wirken Sie auch nicht mehr authentisch und verlieren sämtliche Sympathiepunkte, die Sie bisher vielleicht schon gesammelt haben. Auch mit einer aufgesetzten, übertriebenen Körpersprache können Sie kaum gewinnen. Wer beispielsweise krampfhaft zu jeder Aussage eine bildhafte Geste zu machen versucht, wirkt eher skurril als kompetent. Eine solche »Schauspielerei« wird Ihr Gesprächspartner – wenn auch unbewusst – sofort durchschauen.

Vergessen Sie auch nicht: Jedes körpersprachliche Signal ist sozusagen ein sichtbar gewordener Gedanke oder Gemütszustand. Unsere Gesten und unsere Mimik folgen unserer inneren Haltung. Den Erfolg eines Vorstellungsgesprächs bestimmt daher vorwiegend unsere mentale Einstellung, mit der wir überzeugen müssen. Und sie beeinflusst auch die Körpersprache.

Emotionen leiten uns – und auch andere. Insofern sind Ihre Gefühle ein nicht zu unterschätzender Bestandteil im Überzeugungsprozess. Schöpfen Sie also sämtliche Möglichkeiten aus, um im Rahmen Ihrer Körpersprache Emotionen an den Tag treten zu lassen. Das ist effektiver als jedes Wort! Lassen Sie Ihre Augen sprechen, zeigen Sie in Ihrem Gesicht die Begeisterung für das Unternehmen und den Enthusiasmus für den Job! Voraussetzung ist natürlich, dass beides vorhanden ist. Wenn Sie nicht wirklich Interesse an einem bestimmten Job haben und positiv auf ihn eingestellt sind, werden Sie es auch nicht schaffen, Begeisterung zu signalisieren.

Nutzen Sie den Augenblick

Es heißt »Blicke sagen mehr als tausend Worte«. Es stimmt – und wird dennoch im Berufsalltag oft unterschätzt. Ein gelungener Blickkontakt kann in Sekundenschnelle das Eis zwischen zwei Menschen brechen und ein Gespräch positiv beeinflussen. Wichtigste Regel: Stellen Sie gleich am Anfang zu den anwesenden Personen (insbesondere zum zukünftigen Chef) sehr bewusst Blickkontakt her und geben Sie auf diese Weise auch ohne Worte der Situation die angemessene Bedeutung. Von Auge zu Auge signalisieren Sie Interesse, Offenheit und Gesprächsbereitschaft. Nur so können auch Ihre verbalen Argumente und Inhalte wirken. Oder könnte Sie jemand mit seinen Worten überzeugen, der ständig zu Boden sieht? Halten Sie darum auch im Gespräch den Kontakt mit den Augen. Schweifen Sie mit Ihrem Blick nicht ab. Das könnte leicht als Unsicherheit oder Unaufmerksamkeit interpretiert werden. Wer ständig an seinen Gesprächspartnern vorbeischaut oder mit dem Blick suchend im Zimmer umherirrt, verspielt ebenfalls seine Chancen. Ein konstanter Blickkontakt bezeugt dagegen Aufmerksamkeit und Konzentration. Zugleich können Sie die Situation für sich kontrollieren, denn Ihnen wird im Verhalten der anderen auch kaum etwas entgehen. Doch was tun, wenn mehrere Personen beim Gespräch anwesend sind? Konzentrieren Sie sich immer auf die wichtigste Person – den Chef oder den Personalleiter – und halten Sie vorwiegend mit ihr Blickkontakt. Zu anderen beteiligten Personen blicken Sie zwischendurch, jedoch ohne den Blick hektisch hin und her schweifen zu lassen. Wechselt der Dialogpartner, dann wenden Sie sich natürlich bevorzugt dem Sprecher zu.

Was Personalentscheider gern wissen möchten

Damit Sie sich auch verbal optimal präsentieren, sollten Sie auf gängige Fragen vorbereitet sein. Üben Sie Ihre Antworten laut – und mit einer guten Performance.

› Allgemeine Fragen: Warum möchten Sie diesen Job haben? Wie stellen Sie sich ihn vor? Warum sollen wir Sie für diese Position auswählen? Was sind Ihre Stärken, was Ihre Schwächen? Welche Ziele möchten Sie in fünf oder zehn Jahren erreicht haben?

› Fragen zum beruflichen Werdegang: Wie oft/warum haben Sie den Arbeitsplatz gewechselt? Wie ist Ihr Verhältnis zu Vorgesetzten und Kollegen? An welchen Weiterbildungen haben Sie teilgenommen? Was haben Sie aus früheren Jobs gelernt?

› Fragen zur Arbeitseinstellung und Motivation: Worauf legen Sie persönlich Wert? Was war Ihr größter beruflicher Erfolg? Können Sie mit Stress umgehen? Wenn ja, wie bewältigen Sie ihn? Sind Sie ein Teamplayer? Was bedeutet Erfolg für Sie?

Tipps für den guten Blick

› Ein Blickkontakt dauert mindestens eine Sekunde und nicht länger als drei Sekunden. Zu lang tendiert zum Anstarren, wird als unangenehm empfunden und kann sogar Aggressionen hervorrufen. Den Blick können Sie zwischendurch kurz abwenden, während Sie einen neuen Gedanken fassen.

› Gleiche Augenhöhe ist von Vorteil, damit niemand nach oben oder unten blicken muss. Notfalls die Sitz- beziehungsweise Standposition korrigieren.

› Achten Sie auf Blicksignale des Gesprächspartners, sodass Sie wahrnehmen, wenn Sie zu einer Antwort aufgefordert werden.

› Wechseln Sie nicht ständig zwischen den Augen Ihres Gesprächspartners, das wirkt hektisch. Schauen Sie bewusst nur in ein Auge oder noch besser: Fokussieren Sie den Nasenrücken.

Finden Sie Ihren (Sitz-)Platz

Ein Vorstellungsgespräch findet immer im Sitzen statt und hält damit die nächste Herausforderung für die Körpersprache bereit: Wie sitzt man richtig? Vorab gilt: Setzen Sie sich erst, wenn Sie dazu aufgefordert werden, beziehungsweise nachdem Ihr Gesprächspartner sich gesetzt hat.

So sitzen Sie richtig

Die optimale Haltung haben Sie, wenn Sie mit gestrecktem Rücken möglichst gerade sitzen und beide Füße auf dem Boden ab-

gestellt sind [a]. Sie können sich mit dem Rücken anlehnen, aber nicht in den Stuhl lümmeln [b].

› Nutzen Sie die gesamte Sitzfläche des Stuhls, um eine sichere und stabile Position einzunehmen.

› Ändern Sie von Zeit zu Zeit Ihre Sitzposition, um Anspannung abzubauen und nicht zu statisch zu wirken.

› Beugen Sie sich auch einmal nach vorne und platzieren Sie Ihre Handgelenke locker auf dem Tisch, um Interesse zu zeigen.

a In optimaler Sitzposition nehmen Sie die ganze Sitzfläche ein.

› Legen Sie Ihre Arme und Hände locker auf den Armlehnen oder Ihren Oberschenkeln ab, sofern Sie sie gerade nicht einsetzen wollen.

So sitzen Sie falsch

Ihre Konzentration auf das Gespräch und Ihre Selbstsicherheit sollen auch im Sitzen zu sehen sein. Sitzen Sie deshalb nicht

› mit zu Fäusten geballten Fingern,
› mit hängenden Schultern und krummem Rücken,
› so steif und verkrampft, als hätten Sie gerade einen Besen verschluckt,
› mit auf den Oberschenkeln aufgestützten Ellbogen,
› mit verschränkten Fingern oder Armen,
› mit gekreuzten Beinen [c],
› mit gespreizten Beinen, auch als Mann [d, Seite 50],
› auf der Vorderkante des Stuhls, als wären Sie auf dem Sprung [e, Seite 50],
› unruhig im Stuhl, indem Sie hin und her wippen.

b Wer sich in den Stuhl lümmelt, hinterlässt einen gleichgültigen Eindruck.

c Gekreuzte Beine lassen auf mangelnde Selbstsicherheit schließen.

d   Auch beim Mann sind gespreizte Beine kein Zeichen von Lässigkeit.

e   Wer auf der Vorderkante sitzt, zeigt, dass er auf dem Sprung ist.

Sammeln Sie weitere Sympathiepunkte

Sie haben eine gute Sitzposition gefunden und achten auf einen aktiven Blickkontakt während des Gesprächs. Nun fehlt noch der gekonnte Einsatz von Gestik und Mimik, um Ihre Körpersprache als Karrierekatalysator einzusetzen. Dafür muss das optimale Maß gefunden werden. Zu wenig Gesten lassen Sie statisch oder phlegmatisch wirken. Fuchteln Sie jedoch hektisch mit den Armen und Händen, zeugt das ebenso wenig von Kompetenz und Souveränität. Auch der Radius Ihrer Gestik muss der Situation angemessen sein. Im Sitzen fallen Gesten automatisch weniger ausladend aus. Andererseits sollten Ihre Arm- und Handbewegungen auch nicht zu minimalistisch sein, damit Ihre selbstbewusste Wirkung nicht schrumpft. Gleiches gilt für die Mimik. Ein »eingefrorener« Gesichtsausdruck bringt Ihnen sicher keine Sympathiepunkte ein, weil Sie sich damit emotionslos und passiv präsentieren. Spielen Sie allerdings Ihr gesamtes mimisches Repertoire bis hin zu Grimassen aus, besteht die Gefahr, dass Sie nicht ganz ernst genommen werden.

So punkten Sie

Mit einigen einfachen Regeln erreichen Sie das Optimum Ihrer nonverbalen Aussagen und können damit leicht punkten:

› Idealerweise kommen die sogenannten sensiblen Körperteile zum Einsatz, also Gesicht, Oberkörper, Handflächen und Innenarme. Wer seinem Gegenüber diese Körperpartien zuwendet, schafft Vertrauen. Wer hingegen wortwörtlich die kalte Schulter zeigt, erreicht das Gegenteil. Zu den sogenannten unsensibleren Körperteilen zählen neben der Schulter auch der Hinterkopf, der äußere Teil des Armes und der Rücken, die dem Gesprächspartner ebenfalls nicht zugewandt werden sollten.

› Ein Grundsatz für eine gute Gestik lautet: Armbewegungen oberhalb der Taille wirken positiv [f], unterhalb der Taille negativ. Da bei einem Gespräch im Sitzen Gesten lediglich im oberen Körperbereich verlaufen, sollten Sie besonders darauf achten, sie von unten nach oben auszuführen und nicht umgekehrt. Vermeiden Sie unbedingt »wegwerfende« [g, Seite 52] oder »abweisende« Gesten und halten Sie Ihre Hände mit den Innenflächen und nicht mit den Handrücken nach oben.

› Wenn Sie eine stärkere Verbindung zu Ihrem Gesprächspartner herstellen wollen, nähern Sie sich im wahrsten Sinne des Wortes an, indem Sie leicht den Oberkörper nach vorne neigen.

› Seien Sie sparsam mit »dramatischen« Gesten und sogenannten Hand-Gesicht-Gesten. Zwar kann jemand, der sich mit der Hand über das Kinn streicht, nachdenklich und selbstsicher wirken. Generell sollten Sie Ihre Hände aber lieber von Ihrem Gesicht fernhalten und sie gezielt und bewusst einsetzen.

› »Bedrohliche« Gesten, deren Wirkung uns im Alltag oft gar nicht bewusst ist, wie beispielsweise eine geballte Faust oder ein ausgestreckter Zeigefinger, sind absolut tabu.

› Vermeiden Sie, mit einem Stift oder ähnlichem zu spielen [h, Seite 52] oder gar damit auf Ihr Gegenüber zu zeigen.

f Gesten im Sitzen sollten in Höhe des Oberkörpers ausgeführt werden.

g Eine »wegwerfende« Geste erzeugt einen schlechten Eindruck.

h Wer mit dem Stift spielt, verrät Ruhelosigkeit oder Nervosität.

i Sich bei heiklen Fragen am Ohrläppchen zu zupfen, ist ein unbewusstes Signal für Stress.

j Wer sich bei heiklen Fragen auf die Unterlippe beißt, zeigt, dass er etwas verbergen möchte.

Auch bei heiklen Fragen glaubwürdig bleiben

Es kann durchaus vorkommen, dass in einem Vorstellungsgespräch heikle und unerwartete Fragen auftauchen. Die Folge: Wir reagieren unbewusst mit Stressausdrücken und Verlegenheitsgesten. Das kann ein Zupfen am Ohrläppchen sein [i], nervöses Herumspielen am Schmuck, Zurückwerfen der Haare, Kratzen am Hinterkopf oder an der Nase. Auch wer hastig seine Brille abnimmt, verrät seine Erregung. Und wer bei einer unbequemen Frage einen oder mehrere Finger auf die Lippen legt oder auf die Unterlippe beißt [j], zeigt dem Gegenüber deutlich, dass er etwas verbergen möchte. Obwohl Sie solche unbewussten Reaktionen kaum komplett unterdrücken können, sollten Sie versuchen, allzu offensichtliche verräterische Gesten zu vermeiden. Bleiben Sie also auch bei heiklen Fragen möglichst gelassen und souverän, um nicht unglaubwürdig zu wirken.

Das Gesicht spricht

An Ihrem Gesicht ist vieles abzulesen. So öffnen Menschen beispielsweise den Mund oder heben die Augenbrauen, wenn sie erstaunt sind. Wenn sich jemand in einem Moment überlegen fühlt, wird automatisch der Kopf leicht angehoben. Ein Bewerber, der durch eine Frage in Verlegenheit gebracht wurde, wird mit einer Geste das Gesicht »verdecken«. Und wer deutlich die Lippen zusammenpresst, hält in vielen Fällen etwas zurück.

Unsere Mimik ist jener Part der Körpersprache, den wir am wenigsten beeinflus-

Ein Extra-Tipp für Frauen

»Mädchen-Gesten« sind in einem Vorstellungsgespräch unangebracht. Dazu gehören ein leicht schief gelegter Kopf, der Schmollmund, permanent angehobene Augenbrauen, andauerndes Lächeln und ein unruhiges Drehen der Schultern. Damit verkaufen Sie sich alles andere als souverän und kompetent.

sen können. Dazu kommt, dass mimische Signale sowohl beim Sprechen als auch beim Zuhören eine wichtige Rolle spielen, denn nur mimisch können wir nonverbal Interesse an dem, was wir hören, zum Ausdruck bringen. Und das sollten Sie bei einem Vorstellungsgespräch auch aktiv tun. Reagieren Sie mit Ihrem Gesichtsausdruck auf die Erläuterungen Ihres Gegenübers – ganz egal, wie interessant es tatsächlich ist oder wie oft es bereits wiederholt wurde. Ein lebloses Pokerface bringt Sie bei einem Vorstellungsgespräch ganz gewiss nicht weiter.

Ein Lächeln wirkt Wunder

Ein Lächeln dagegen funktioniert immer. Vorausgesetzt, es ist echt und offen, und Sie ziehen nicht nur die Mundwinkel nach oben. Bei einem freundlichen und sympathischen Gesichtsausdruck lächeln auch die Augen mit [k, Seite 54]. Das bedeutet jedoch nicht, dass Sie ein Gespräch mit einem krampfhaften Dauergrinsen [l, Seite 54] bestreiten sollen. Ihre Mimik sollte nicht einer Maske ähneln, sondern einen natürlichen Eindruck vermitteln und Sie als dynamisch und engagiert zeigen.

Telefonstimme und Körperhaltung

Oft geht dem persönlichen Vorstellungsgespräch ein Telefoninterview voran. Dabei ist die Stimme besonders wichtig, denn der Personalentscheider am anderen Ende der Leitung kann nichts anderes von Ihnen wahrnehmen. Trotzdem spielt Ihre Körperhaltung auch in diesem Moment eine große Rolle, denn sie wirkt sich direkt auf die Stimme aus. Lümmeln Sie während des Telefonats auf dem Sofa herum oder sind nebenbei noch mit anderen Dingen beschäftigt, wird Ihr Gesprächspartner das wahrnehmen. Achten Sie also auch am Telefon auf die richtige Körperspannung und konzentrieren Sie sich uneingeschränkt auf das Gespräch. Lächeln Sie, denn dadurch wirkt Ihre Stimme freundlicher. Gleichwohl sollten Sie in einer tiefen Stimmlage antworten. Und lassen Sie Ihren Gesprächspartner immer ausreden!

Nicht unbedeutend: die Stimme

Die Bedeutung der Stimme wird gern unterschätzt. Natürlich sollen Sie Ihre Stimme nicht verstellen, was ohnehin auf Dauer nicht gelingen würde, aber doch auf eine gute Wirkung achten. Das heißt, möglichst nicht stocken oder gar stottern, sondern ruhig und klar sprechen. Nuscheln Sie nicht und brummeln Sie nicht in sich hinein. Setzen Sie gezielt Pausen ein, um zwischendurch Luft zu holen und zu reflektieren, was gesprochen wurde. Entscheidend ist die richtige Balance von Tempo und Klang. Zu langsam und zu monoton ist nicht nur langweilig, sondern ebenso unvorteilhaft wie zu schnell und zwischen hoch und tief zu wechseln.

Behalten Sie die Kontrolle

Vergessen Sie nicht: Jedes körpersprachliche Signal ist sozusagen ein sichtbar gewordener Gedanke oder Gemütszustand. Doch ist das Vorstellungsgespräch in vollem Gange und Sie sind mit den bespro-

k Zu einem sympathischen Gesichtsausdruck gehören Augen, die lachen.

l Ein Dauergrinsen mit nach oben gezogenen Mundwinkeln wirkt unnatürlich.

chenen Inhalten und Fragen beschäftigt, kann es leicht passieren, dass Sie Ihre Körpersprache unbewusst vernachlässigen. Nutzen Sie deshalb Gesprächsphasen, in denen Sie nicht direkt gefordert sind – beispielsweise, wenn Ihr Gesprächspartner Sie über das Unternehmen informiert –, um immer wieder Ihre Haltung, Gestik und Mimik zu überprüfen und gegebenenfalls zu korrigieren. Prägen Sie sich dafür eine kleine Checkliste ein:

> Halten Sie aktiven Blickkontakt?
> Sitzen Sie aufrecht und haben Sie die richtige Körperspannung?
> Ist Ihre Stimme angemessen?
> Ist Ihr Gesichtsausdruck entspannt und freundlich?
> Ist Ihre Gestik passend?
> Atmen Sie ruhig?

Noch Fragen?

Obgleich das Vorstellungsgespräch in erster Linie vom Chef oder Personalleiter geführt wird, sollte es doch ein Dialog sein. Sie sollten nicht nur antworten, sondern zu gegebener Zeit auch Fragen stellen, um Ihr Interesse an der zu besetzenden Stelle zu signalisieren und die eigene Motivation und die Neugierde am Betrieb zu betonen. Fragen mit Gegenfragen zu erwidern, ist jedoch nicht angebracht. Sollten Sie einmal keine Antwort wissen, erbitten Sie sich etwas Bedenkzeit aus. Auch so etwas ist ein Zeichen von Selbstsicherheit. Nur wer etwas weiß, kann sein Wissen abrufen – vielleicht erst, nachdem er nachgedacht hat. Es wird Ihnen auch niemand übel nehmen, wenn Sie ehrlich zugeben, dass Sie im Moment auf eine Frage keine Antwort parat haben.

Gute Miene bis zum Schluss

Denken Sie immer daran, dass Sie während des Gesprächs viel mehr verraten als nur das, was Sie sagen. Um nachhaltig einen positiven Eindruck zu hinterlassen und ein rundum gelungenes Bild von sich abzugeben, sollten Sie deshalb bis zum Ende des Gesprächs auch körpersprachlich bei der Sache sein. Bleiben Sie auch dann freundlich und offen, wenn das Gespräch nicht wie erhofft verläuft. Schließlich ist es erst zu Ende, wenn Sie sich verabschiedet haben.

Der richtige Dresscode

Bei einem Vorstellungsgespräch spielt auch das Outfit eine erhebliche Rolle, denn Stil und Farben der Garderobe beeinflussen das optische Erscheinungsbild in hohem Maß. Ihr Äußeres sollte aussagekräftig sein und weder auf mangelnden Respekt noch auf fehlende Ernsthaftigkeit schließen lassen. Wählen Sie die Kleidung passend zum Beruf, zeigen Sie, dass Sie sich mit den Gepflogenheiten der Branche auskennen, guten Geschmack haben und stilsicher sind. Wer sich für einen Posten in der Bank bewirbt, kann auf Anzug und Krawatte oder Kostüm nicht verzichten. Im Einzelhandel wird dagegen eher auf legere, modische Kleidung Wert gelegt. Aber bitte keine Maskerade, keine Verkleidung und kein Zubehör, womit Sie aus der (Bewerbungs-)Reihe tanzen und um jeden Preis auffallen wollen. Wichtig ist, dass Sie sich wohlfühlen und Ihr Outfit Ihnen Sicherheit gibt, weil diese sich in Ihrem Auftreten und in Ihrer Körpersprache widerspiegelt.

Absolute No-Gos für Frauen sind zu kurze Röcke, hohe Schuhe, abgetretene Absätze, T-Shirts oder Sweatshirts mit Aufdruck [m] sowie protziger Schmuck [n]. Männer sollten weder grelle Krawatten [o] noch weiße Tennissocken oder Sportschuhe [p] tragen. Für Frauen und für Männer gilt: Gehen Sie mit Düften sparsam um. Mehr zum richtigen Outfit im Berufsalltag lesen Sie auf Seite 98.

Damit Sie Ihrem Traumjob näher kommen

Wenn Sie einen neuen Job anvisieren, liegt der Schlüssel zum Erfolg nicht allein bei dem, was Sie sagen, sondern vor allem in der Art und Weise, wie Sie etwas sagen und wie Sie sich präsentieren. Mit Ihrer Körpersprache setzen Sie Signale – positive, aber auch negative. Lesen Sie deshalb hier noch einmal die wichtigsten Do's und Don'ts nach:

› Reagieren Sie auf das, was Ihr Gegenüber sagt – mit Ihren Blicken und Ihrer Mimik. So signalisieren Sie, dass Sie interessiert zuhören und gut auf andere Menschen eingehen können.

› Beugen Sie den Oberkörper leicht nach vorne und neigen Sie sich zum Gesprächsleiter. Damit bekunden Sie Zustimmung.

› Seien Sie wach und konzentriert und zeigen Sie Begeisterungsfähigkeit. Nicken Sie hin und wieder und streuen Sie gelegentlich positive Gesten ein.

› Lächeln Sie zwischendurch, natürlich an passenden Stellen. Das lockert sowohl Sie selbst als auch die Situation auf.

› Geben Sie sich auch mit Ihrer Stimme selbstbewusst. Sprechen Sie dynamisch und betont, weder zu laut noch zu leise.

› Richten Sie Ihren Blick weder verschämt nach unten noch stoisch auf die Wand. So bauen Sie keine Beziehung zu Ihrem Gesprächspartner auf und machen einen unsicheren oder abwesenden Eindruck.

› Wenn Sie schief im Stuhl hängen oder sich an den Armlehnen festkrallen, signalisieren Sie mangelnde Souveränität und Disziplin oder Angst vor Neuem.

› Wer nur auf der Stuhlkante sitzt, erweckt den Eindruck, er wäre auf dem Sprung. Wer allerdings förmlich im Sessel versinkt, lässt sich zu sehr gehen und präsentiert sich damit ebenfalls unprofessionell.

› Sich auf dem Tisch aufzustützen, ist definitiv etwas zu entspannt.

› Die Hände oder Arme vor dem Körper zu verschränken, wird mit Abwehr, Selbstschutz und Unsicherheit gleichgesetzt.

› Selbst wenn Sie etwas, das Ihr Gesprächspartner sagt, anders sehen oder für unsinnig halten, sollten Sie nicht die Stirn runzeln.

› Reiben Sie nicht Ihren Nacken oder den Hinterkopf, auch dann nicht, wenn Sie tatsächlich verspannt sind. Sie vermitteln damit pures Desinteresse.

› Fassen Sie sich nicht an die Nase. Das sieht nicht nur unästhetisch aus. Ihr Gegenüber könnte annehmen, dass Sie nicht ganz ehrlich sind.

› Vergessen Sie das Atmen nicht!

› Als Frau sexuelle Reize einzusetzen oder auf das Klein-Mädchen-Schema (große Augen, zur Seite geneigter Kopf, Schmollmund, ständiges Lächeln) zu bauen, ist unprofessionell und absolut tabu.

› Männer sollten typische Machoposen wie breitbeinig sitzen oder sich aufplustern vermeiden, wenn sie nicht albern wirken wollen.

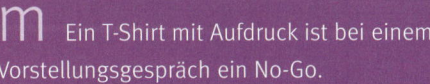

m   Ein T-Shirt mit Aufdruck ist bei einem Vorstellungsgespräch ein No-Go.

n   Auch schriller Schmuck ist im Berufsalltag unangebracht.

o   Mit einer grellen, bunt gemusterten Krawatte wirken Sie nicht stilsicher.

p   Sportschuhe zum Anzug sind in keiner Situation angebracht.

Special: Das optimale Bewerbungsfoto

Sich selbst in ein günstiges Licht zu setzen und sich optimal zu präsentieren, ist nicht erst beim Vorstellungsgespräch gefragt. Schon bei der schriftlichen Bewerbung sind Jobinteressenten in puncto Selbstdarstellung gefordert: beim Bewerbungsfoto. Und das zu Recht. Nicht selten schmälert ein ungünstiges Foto die Erfolgschancen eines Bewerbers. Laut einer Studie des Berufszentrums Nordrhein-Westfalen werden rund 50 Prozent aller Bewerber schon in der ersten Instanz aufgrund des Bewerbungsfotos aussortiert. Also:

Profis ans Werk!

Fotos aus dem Passbildautomaten sind okay für den Bibliotheksausweis, die Bahncard oder den Mitgliedspass vom Fitnessstudio – aber niemals für die Bewerbungsmappe. Vertrauen Sie hierfür unbedingt auf das Know-how eines professionellen Fotostudios. Hier kann mit verschiedenen Lichteinstellungen, unterschiedlichen Posen und vor allem durch die Möglichkeit der Bildbearbeitung ein perfektes Ergebnis erzielt werden, das Sie vor dem frühen Aussortieren bewahrt. Denn ein guter Fotograf setzt Ihre Persönlichkeit ins Bild.

Das Styling

Passendes Styling ist – ebenso wie zum Bewerbungsgespräch selbst – angesagt (Seite 55). Die Idee, mit einem außergewöhnlichen Outfit auf dem Bewerbungsfoto aufzufallen und so aus der Bewerbermasse herauszustechen, sollten Sie ganz schnell wieder verwerfen. Schließlich soll nicht Ihre Kleidung überzeugen, sondern Sie als Person sollen überzeugen. Im Zweifel lieber etwas konservativer als Sie es gewohnt sind, also klassischer Business-Look. Sind Sie sich unsicher, lassen Sie sich von einer Stylistin beraten. Eine solche Investition ist meist günstiger als man denkt und zahlt sich definitiv aus.

a Zeigen Sie sich für Ihre Bewerbungsmappe nur von Ihrer besten Seite.

Die Frisur

Für sie gilt: Sie muss gepflegt aussehen. Dafür ist nicht zwangsläufig der Besuch beim Friseur nötig, es sei denn, Ihre Haarspitzen sind deutlich sichtbar gespalten oder ausgefranst. Falls Sie Ihre Haare tönen, schauen Sie kritisch auf den Haaransatz. Außerdem sollten die Haare nicht zu sehr in das Gesicht fallen, denn Sie wollen ja mit einem offenen Blick überzeugen. Ungeachtet jeder Modeerscheinung soll eine Frisur den Typus betonen.

Ihre beste Seite

Die berühmte Schokoladenseite gibt es tatsächlich, und jeder hat sie [a]. Am besten machen Sie sich schon vor dem Fototermin auf die Suche. Testen Sie vor dem Spiegel oder mit Freunden Ihre Idealpose, in der auch Sie sich gut gefallen. Merken Sie sich auch, wie Sie sich selbst nicht gefallen, damit gefallen Sie auch anderen weniger gut [b]. Die klassische Haltung im Halbprofil, bei der maximal noch der Brustkorb zu sehen ist und in der man in die Kamera blickt, ist nicht mehr erforderlich. Auch Posen im Stehen oder Sitzen sind denkbar, solange sie professionell und seriös wirken.

Bitte lächeln!

Das wichtigste auf Ihrem Bewerbungsfoto ist Ihr Gesichtsausdruck, denn Ihre Haltung ist zwangsläufig statisch und in diesem Fall eher Nebensache. Die Konzentration liegt auf Ihrer Mimik, die vor allem eines sein sollte: freundlich. Ein ehrliches Lächeln ist deshalb Pflicht, ebenso ein offener Blick. Die Augen sollten Sie jedoch nicht aufreißen. Auch die ideale Mimik können Sie schon vorab zuhause üben. Lächeln Sie sich im Spiegel an und finden Sie den Ausdruck, der Ihnen am besten gefällt. Dann merken Sie sich genau, wie es sich anfühlt.

b   Mit einem unvorteilhaften Foto wird kaum jemand punkten können.

Körpersprache
für ein gelungenes
Miteinander

Er ist verräterisch, unser Körper, manchmal mehr, als uns lieb ist. Noch bevor wir einen guten Morgen wünschen, sehen Kollegen, wie wir uns fühlen. Weil er zahlreiche Informationen preisgibt. Wenn wir ihn jedoch gekonnt einsetzen und die Signale anderer richtig entschlüsseln, tragen wir zu einer entspannten Atmosphäre bei.

Körpersprache unter Kollegen

Vermutlich verbringen wir mit niemandem so viel Zeit wie mit unseren Kollegen. Dass es ohne Kommunikationsbereitschaft und eine gute Kommunikationsebene daher im Büro nicht rund läuft, können wir jeden Tag erleben. Unsere Sensibilität ist stark ausgeprägt, wenn es darum geht, Stimmungen im Kollegenkreis aufzufangen. Warum hat die Kollegin an diesem Morgen nicht gegrüßt und ist mit gesenktem Kopf an der Tür vorbeigehuscht? Warum bleibt der sonst offenherzige Mitarbeiter mit dem Rücken abgewandt stehen, auch wenn ich ihn direkt anspreche? Warum muss ich heute für eine Auskunft mehrfach nachhaken, die bislang nie ein Problem war? Wie kommt es, dass wir gerade im Berufsalltag so empfindsam sind? Ganz einfach: Dieser Mikrokosmos ist ein enorm wichtiger Teil unseres Lebens, denn wir bewegen uns meist mehr als die Hälfte des Tages darin. In einem Mikrokosmos, der seine eigenen Gesetze und Regeln hat und der leicht aus dem Gleichgewicht geraten kann. Zum Beispiel dann, wenn die bürointerne Kommunikation nicht funktioniert. Die Folge: Missstimmungen und Dissonanzen im Team wirken sich auf die Motivation und Leistungsfähigkeit aus. Eine funktionierende Kommunikation erzeugt dagegen ein positives Miteinander und fördert einen reibungslosen Austausch. Ehrliche Heiterkeit kann geradezu beflügelnd auf unsere Arbeit wirken. Ein atmosphärisches Unwohlsein erzeugt das Gegenteil, sodass wir uns durch den Arbeitstag schleppen und den Feierabend kaum erwarten können.

Verständigung ohne Hierarchie

Unter Kollegen ist eine gute verbale und nonverbale Kommunikation vor allem deswegen so wichtig, weil Stimmungen und Missstimmungen sich innerhalb der Belegschaft und auf begrenztem Büroraum schnell auf andere übertragen. Ein überforderter, gestresster oder schlecht gelaunter Kollege kann in der gesamten Abteilung oder gar Firma eine gereizte Atmosphäre verbreiten. Das Problem: Je mehr Zeit wir mit bestimmten Personen verbringen und je vertrauter uns eine Gemeinschaft ist, desto mehr tendieren wir dazu, uns ab und an gehen und unseren Launen freien Lauf zu lassen. Kommt noch ein Übermaß an Stress dazu, hat ein bewusstes und vor allem respektvolles Miteinander oftmals Sendepause. Sich in solchen Situationen und Momenten selbst wieder in die richtige Richtung zu lenken und besser auf die eigene Kommunikation zu achten, ist sicherlich nicht einfach und bedarf vor allem eines neutralen Blickwinkels.

Auf eine angenehme Zusammenarbeit!

Es menschelt – dieser schöne Ausspruch bringt auf den Punkt, womit wir es im Beruf ebenso wie im Privaten tagtäglich zu tun haben: mit Menschen. Jeder hat seine guten und schlechten Tage, erlebt Freude ebenso wie Sorgen. In einem Unternehmen herrscht darüber hinaus ein besonderes soziales Gefüge, denn hier treffen nicht nur Individuen aufeinander, sondern auch verschiedene berufliche Rollen. Das heißt,

hier müssen wir beides unter einen Hut bringen: uns als Privatperson und uns als Berufsmensch. Das eine lässt sich vom anderen nicht trennen. Selbst wenn Sie kaum über Ihre Familie, Ihren Freundeskreis, Ihre Freizeitaktivitäten oder Gewohnheiten – also über Ihr Privatleben – sprechen, so bekommen die Kollegen doch immer wieder etwas davon mit, unter anderem über Ihre Körpersprache.

Zusammenspiel Berufs- und Privatleben

Natürlich haben Sie in Ihrem Beruf Ihren Mann beziehungsweise Ihre Frau zu stehen. Sie haben bestimmte Aufgabenfelder und Verantwortlichkeiten, müssen Leistung bringen und möglicherweise andere Menschen leiten und lenken. Die Rolle, die Sie daheim als genügsamer Familienvater, verständnisvolle Tochter, patente Mutter, beste Freundin oder lockerer Squashkumpel innehaben, tritt dann in den Hintergrund. Aber legen wir tatsächlich unser privates »Kostüm« ab, wenn wir die Firma betreten? Sind wir plötzlich ein anderer Mensch, nur weil wir Anzug und Krawatte tragen? Andersherum gefragt: Lassen wir den Büromenschen im Wäschekorb oder auf der Anzugstange zurück, wenn wir nach Feierabend die legere Jogginghose überstreifen und mit bequemen Wollsocken auf der Couch herumlümmeln? Nein, wir sind nicht die moderne und weniger gruslige Version von Dr. Jekyll und Mr. Hyde, wir leben keine zwei getrennten Leben – das eine tagsüber, das andere abends und am Wochenende. Denn wir können nicht aus unserer Haut und sind so, wie wir sind, unabhängig von Tageszeit und Situation. So wird jemand, der in seiner Freizeit den bunten Papagei gibt, wohl kaum als graue Maus im Büro erscheinen. Und ein schüchternes Mauerblümchen im Betrieb wird höchstwahrscheinlich nicht nach Feierabend zur großen Netzwerkerin.

Körpersprache identifiziert

Natürlich verhalten wir uns im beruflichen Umfeld anders, denn dort werden andere Erwartungen an uns gestellt, und wir müssen sehr viel sachlicher und nüchterner agieren. Trotzdem ist die Person im Bürosessel und auf der Couch dieselbe und kann das auch nicht verleugnen – wegen der Körpersprache. Schließlich ist unsere Mimik, Gestik und Haltung wie ein optischer DNA-Abdruck. Unsere Körpersprache identifiziert uns jederzeit. Das zu wissen ist die wichtigste Voraussetzung für eine optimale innerbetriebliche Kommunikation auf allen Ebenen. Denn diese Sichtweise hilft, die Kollegen um uns herum besser zu verstehen und verständ-nisvoller wahrzunehmen. Und sie hilft auch, uns selbst innerhalb dieser Gemeinschaft richtig einzuordnen und Teil des Teams zu werden. Die Alternative wäre, sich selbst Tag für Tag zu verstellen, um nichts von sich preiszugeben. Und Kollegen vorschnell in eine Schublade zu schieben, ohne ihr Verhalten zu hinterfragen. Nicht erstrebenswert und keine gute Basis für eine erfolgreiche und harmonische Zusammenarbeit, die Freude macht.

Das Geheimnis: immer man selbst sein

Doch was ist das Geheimnis einer reibungslosen Verständigung? Wer sich an seinem Arbeitsplatz wohlfühlen will, muss zuallererst authentisch bleiben. Was der österreichische Dramatiker Hugo von Hofmannsthal Anfang des 20. Jahrhunderts in Worte fasste, hat heute mehr Gültigkeit denn je: Es ist immer etwas anderes, ob man eine Haltung, welche auch immer, wirklich hat, oder ob man nur vorgibt, sie zu haben. Wer einen unnatürlichen Eindruck macht, wird so oder so auf Probleme im Umgang mit anderen stoßen – bei Kollegen, zu denen man zwangsläufig eine engere Beziehung eingeht, umso mehr.

Authentisch zu wirken ist die optimale Basis, um als sympathischer und angenehmer Kollege wahrgenommen zu werden. Ein Kollege also, den man gern unterstützt und dem man Rückhalt gibt. Denn das wissen wir alle: Einzelkämpfer kommen meist nicht weit. Ist Ihr Auftreten dagegen deckungsgleich mit Ihrer inneren Einstellung und Ihren Aussagen, dann wirken Sie vertrauenswürdig, natürlich und damit sympathisch. Ein enormer Vorteil für gutes Teamwork.

Eine klassische Weisheit

In »Wilhelm Meisters Lehrjahre« von Goethe heißt es: »Wenn wir die Menschen nur nehmen, wie sie sind, so machen wir sie schlechter. Wenn wir sie behandeln, als wären sie, was sie sein sollten, so bringen wir sie dahin, wohin sie zu bringen sind.« Warum sollte sich an diesem klassischen Gedanken inzwischen etwas geändert haben?

Die Sympathiefrage

Überlegen Sie: Wer in Ihrem Kollegenkreis fällt Ihnen spontan als sympathisch
ein? Was macht diese Person aus? Warum
haben Sie das Gefühl, dass es sich um
einen angenehmen Kollegen oder eine
liebenswerte Mitarbeiterin handelt? Vielleicht denken Sie an einen Ihnen zugewandten, offenen Blick oder an eine flie-
ßende Handbewegung in Ihre Richtung.
Die Person vor Ihren Augen ist ein ge-
duldiger Zuhörer und nickt gelegentlich,
wenn Sie etwas berichten. Oder sie berührt
Sie auch mal wohlwollend an der Schulter,
wenn es um ein schwieriges Thema geht.

Und nun die andere Möglichkeit: Wer
aus dem Team fällt unangenehm auf? Bei
welcher Person bekommen Sie spontan
Gänsehaut? Wenn Sie sich jetzt für einen
Moment leicht nach links oder rechts
weggedreht haben, dann sind Sie auf der
richtigen Spur. Denn der bloße Gedanke an
einen Menschen, den wir als eher unsympathisch einstufen, bringt unseren Körper
zum Sprechen und lässt uns instinktiv auf
Distanz gehen. Gähnt der betreffende Kollege vielleicht ständig und unverhohlen im
Gespräch? Oder schaut er aus dem Fenster
oder auf die Uhr, während Sie ihm etwas
erklären wollen? Schlägt er die Beine über-
einander und dreht dabei den Oberkörper
mit der Breitseite weg, sodass sich eine Art
Schallmauer zu Ihnen aufbaut?

Auf diese oder ähnliche Weise stufen wir
jeden einzelnen Kollegen in unsere persönliche Sympathiehierarchie ein und
empfinden die Zusammenarbeit daher mit
einigen als mehr, mit anderen als weniger angenehm. Das beeinflusst meist auch
unser Verhalten den jeweiligen Kollegen
gegenüber, indem wir manche netter oder
besser behandeln als andere. Ein unbewusstes Verhalten, mit dem wir allerdings
nur uns selbst schaden. Schließlich müssen wir mit allen zusammenarbeiten und
sind bisweilen auch auf jene angewiesen,
die wir nicht als Sympathieträger einstufen. Es bleibt also nur, die eigene Einstellung und die Art und Weise zu ändern, wie
wir mit diesen Kollegen umgehen. Diese
Taktik zeigt oft erstaunliche Wirkung. Der
Grund: Ändern wir unser Verhalten einem
Menschen gegenüber in positiver Hinsicht,
wird diese Veränderung reflektiert. Das
heißt, auch das Verhalten des anderen uns
gegenüber wird sich ändern, und eine An-
näherung wird stattfinden. Unsere Sicht
und Meinung über diese Person wird sich
der »neuen« Beziehung anpassen und sich
verbessern. Sie können also nur gewinnen,
selbst wenn Sie sich erst einmal überwinden und »gewollt« nett sein müssen.

Trotz aller guten Vorsätze werden in einem
Kollegenteam immer wieder Störungen
auftreten, und das ist völlig normal. Stress,
Termindruck, das Übernehmen von Ar-
beitsbereichen eines Kollegen wegen län-
gerer Abwesenheit und privater Ballast
können die Stimmung schnell in Schieflage
bringen. Aber gerade dann ist der richtige
Umgang miteinander die optimale Lösung,
um Konflikte rascher zu erkennen und zu
lösen, wenn sie sich schon nicht vermeiden lassen. Vielleicht schenken Sie in einer
angespannten Situation Ihrer Umgebung
erst einmal ein spontanes Lächeln, das beruhigt vorübergehend – und manchmal
sogar über einen längeren Zeitraum hinweg. Außerdem wirkt es meist ansteckend,
wie Sie oben bereits lesen konnten.

Goldene Regeln für ein gutes Miteinander

Folgender Grundsatz gilt immer: Taktgefühl und Respekt im Umgang mit Kollegen stehen prinzipiell an oberster Stelle.

1. Akzeptieren Sie das »Revier« des Anderen [a], beruflich wie im direkten Umgang miteinander. Das heißt: Kommen Sie niemandem zu nahe, sonst ernten Sie Aggression oder Rückzug.

2. Tragen Sie in angespannter Atmosphäre Ihren Standpunkt möglichst sachlich und mit ruhiger Stimme vor.

3. Was auch kommen mag: Zeigen Sie sich teamfähig und versuchen Sie nicht, Ihr Ding alleine durchzuziehen.

4. Über Ihre nonverbalen Signale können Sie den Teamgedanken unterstreichen. Zeigen Sie, dass Sie bereit sind, Arbeitsabläufe gemeinsam und ergebnisorientiert zu besprechen, indem Sie eine offene Körpersprache sprechen: mit einladenden Gesten und einer freundlichen Mimik.

5. Hören Sie konzentriert und interessiert zu, wenn ein Kollege spricht oder präsentiert. Mit einem leichten Nicken unterstreichen Sie Ihr Interesse.

6. Haken Sie nach, ohne dabei streng oder besserwisserisch zu wirken. Bleiben Sie entspannt und offen für alle Anregungen und Positionen. Lächeln Sie bei einer Nachfrage und machen Sie eine Geste, bei der Ihre Handflächen nach oben zeigen.

Geben Sie Konflikten keine Chance

Konfliktsituationen im Büro entstehen häufig durch Missverständnisse und scheinbare Hierarchieverschiebungen. Sie sitzen beispielsweise am Schreibtisch und sind in Ihre Arbeit vertieft. Eine Kollegin rauscht in Ihr Zimmer, legt mit temperamentvollem Schwung wortlos Unterlagen auf Ihren Tisch und verschwindet wieder. Das als Engagement und Arbeitselan zu deuten, setzt sehr großes Wohlwollen voraus. Doch schon am nächsten Tag kann die gleiche Situation ganz anders verlaufen: Die Mitarbeiterin grüßt freundlich, sagt ein paar Worte zum Wetter und erklärt, weshalb sie Ihnen diese wichtigen Materialien übergibt. Gründe, warum sich die Situation einmal so und einmal anders abspielt, gibt es viele: Die Kollegin könnte wegen privater Probleme oder eines stressigen Projekts einen schlechten Tag gehabt haben. Vielleicht aber haben Sie unbewusst im Vorfeld verbal oder nonverbal etwas signalisiert, was sie verletzt hat, eine Aussage oder Geste vielleicht, die wirkte, als würden Sie sich höhergestellt fühlen.

Ebenso wie unsere Körpersprache falsch gedeutet werden kann, können auch die Signale unserer Kollegen schnell falsch interpretiert werden. Deshalb sollten wir überlegt agieren und mit Signalen, die wir empfangen, ebenso bewusst umgehen. Mit anderen Worten: Bevor wir das Verhalten unserer Kollegen beurteilen, sollten wir es erst hinterfragen. Oft hat es gar nichts mit uns selbst zu tun.

Eine andere Szene aus dem Büroalltag: Sie sitzen am Schreibtisch, ein Kollege betritt das Zimmer und bleibt vor Ihnen stehen [b, Seite 68]. Sie müssen von unten nach oben schauen, fühlen sich automatisch kleiner und unbedeutender. Wer steht, dominiert die Situation. Drückt sich Ihr Gesprächspartner dann auch noch an den Schreibtisch oder beugt sich sogar darüber, verschiebt sich Ihr gefühltes Machtgleichgewicht noch mehr. Tritt er gar hinter Sie [C, Seite 68], vielleicht um am Bildschirm etwas zu zeigen oder zu erklären, ändert sich seine Wirkung von dominant in aufdringlich. Was tun in einer solchen Situation?

Ebenbürtig kommunizieren

Ziel innerhalb eines Teams muss es sein, ohne hierarchische Strukturen zu kooperieren und zu kommunizieren. Das bedeutet natürlich, dass Sie sich selbst an diese Regel halten und nonverbale Machtdemonstrationen vermeiden. Auch wenn Sie nicht der Initiator möglicher Machtkonflikte sind, können Sie den Wind aus den Segeln nehmen, denn in den wenigsten Fällen handelt es sich um einen bewussten Angriff. Machen Sie es sich zur Maxime, mit Ihren Kollegen immer auf einer Ebene zu kommunizieren und gleichen Sie hierarchische Nuancen durch Ihre Körpersprache aus:

> Suchen Sie das Gespräch mit einem Kollegen, der sitzt, setzen Sie sich ebenfalls und bleiben Sie nicht stehen.

> Sind Sie derjenige, der sitzt, und Ihr Gesprächspartner bleibt stehen, begeben Sie sich auf sein Niveau, stehen Sie also auf [d, Seite 68].

> Signalisieren Sie durch freundliche Mimik, aufrichtiges Lächeln, aktiven Blickkontakt und eine zum Gesprächspartner

b Der stehende Kollege dominiert die Situation, die sitzende Kollegin fühlt sich unterlegen.

c Sich hinter die Kollegin am Schreibtisch zu stellen, vermittelt noch mehr Macht.

d Ebenbürtig zu kommunizieren heißt, sich als Kollegen auf die gleiche Ebene zu begeben.

gerichtete Haltung Ihr Interesse oder Ihr Einverständnis und stärken Sie dadurch das Teamgefühl.

Anerkennung braucht Gesten

Wertschätzung, Anerkennung und ein respektvolles Miteinander sind die besten Voraussetzungen für eine harmonische Bürokommunikation. Sie motivieren und sind ein Motor für berufliche Leistung. Daher sollten Sie Ihre Anerkennung nicht nur verbal zum Ausdruck bringen, sondern auch zeigen. Signalisieren Sie Kollegen bewusst, wie Sie zu ihnen stehen. Zeigen Sie, dass Sie ihnen gegenüber offen sind. Nutzen Sie Gestik und Mimik, um unaufdringlich aber erkennbar zu vermitteln, wie sehr Sie jemanden mögen und respektieren. »Wer mit Anerkennung spart, spart am falschen Ort«, hat der US-amerikanische Humanist Dale Carnegie schon vor einigen Jahrzehnten treffend formuliert. Sie schaffen also eine wertvolle Basis für eine gute berufliche Beziehung, wenn Sie dem Mitarbeiter Aufmerksamkeit und Wertschätzung schenken.

Ehrlichkeit ist Pflicht

Aber Vorsicht: Auch hier gilt die oberste Regel der Authentizität und Ehrlichkeit. Jemandem zu schmeicheln, nur weil man ihn für etwas gewinnen möchte oder etwas von ihm braucht, hat vielleicht kurzfristig Erfolg, führt langfristig aber kaum zu einer wertvollen Zusammenarbeit. Nur wer echte Wertschätzung bekommt, fühlt sich gut, ist motiviert und arbeitet gern im Team. Behalten Sie jedoch im Hin-

terkopf, dass Sie sich durch permanente Lobverteilungen über Ihre Kollegen stellen und sie indirekt zu immer mehr Leistung antreiben könnten. Generell aber gilt: Gibt mir jemand das Gefühl, anerkannt zu sein, suche ich seine Gesellschaft.

Zeigen Sie Ihre Wertschätzung

Um Wertschätzung nicht nur mit Worten, sondern auch mit dem Verhalten auszudrücken, sollten folgende Grundregeln beherzigt werden:

› Wertschätzung und Konkurrenzkampf schließen sich für ein gutes Miteinander aus. Wenn Sie die Leistung einer anderen Person würdigen, nehmen Sie sich in dem Moment also etwas zurück.

› Zeigen Sie sich zuvorkommend. Achten Sie auf das Verhalten und die Stimmung Ihrer Kollegen und reagieren Sie vorausschauend. Wirkt jemand im Meeting überanstrengt? Dann schlagen Sie kurzerhand eine Pause vor.

› Schauen Sie den Menschen in Ihrem Umfeld in die Augen. Durch Ihren Blick geben Sie im wahrsten Sinn des Wortes Ansehen und Anerkennung. Vermeiden Sie einen – selbst grundlosen – Blickkontakt mit einer Person, wird das als mangelnde Wertschätzung, Desinteresse oder Unhöflichkeit gewertet.

Wertschätzung zahlt sich aus

Durch Anerkennung können Sie Kollegen und auch sich selbst motivieren, denn Wertschätzung und ein respektvolles Miteinander sind ein wichtiger Motor für berufliche Leistung. Wer sich in einem reservierten oder gar destruktiven Arbeitsklima bewegt, ist für Konflikte eher anfällig.

Erfolgreich in Meetings

Eine besondere Situation innerhalb des Büroalltags sind gemeinsame Meetings und Besprechungen. Hier geht es nämlich nicht nur darum, zwischenmenschlich gut miteinander auszukommen, sondern auch um fachbezogenes Teamwork und darum, die eigene Position zu vertreten. Ihr Ziel bei Teamsitzungen sollte daher immer sein, selbstbewusst und überzeugend zu wirken. Unabhängig davon, ob ein Geschäftsführer, Abteilungsleiter oder Projektleiter anwesend ist oder die Mitarbeiter unter sich sind, sollten Sie auf Folgendes achten:

› Betreten Sie den Besprechungsraum aktiv, in aufrechter Haltung, mit festem Schritt und in angemessenem Tempo [e]. Schlurfen oder schlendern Sie nicht in den Raum hinein, sonst wirken Sie alles andere als motiviert und souverän.

› Pressen Sie Ihre Arme nicht eng an den Körper, sondern nehmen Sie den Raum ein, der Ihnen gebührt.

› Schauen Sie den Teilnehmern bewusst in die Augen, aber starren Sie nicht endlos. Eine gute Dosis Augenkontakt genügt.

› Nehmen Sie die Bewegungen der anderen Teilnehmer auf, »schwingen« Sie körpersprachlich mit der Gruppe mit. Wenn andere sich nach vorne lehnen, tun Sie es auch. Dadurch werden Sie von den Teammitgliedern stärker wahrgenommen. Der Effekt dieser Spiegelmethode beruht darauf, dass Menschen mit gleichen Gesten sich eher als sympathisch einschätzen und deshalb mehr Kollegialität entwickeln.

› Vermeiden Sie ablehnende Gesten [f, Seite 72], um nicht den Eindruck zu erwecken, Sie wären an Anregungen oder

e   Betreten Sie den Besprechungsraum aktiv in aufrechter Haltung.

Spielen verboten!

Ich erinnere mich an einen Teamleiter, der in jedem Meeting mit einem Kugelschreiber spielte. Während er etwas erklärte oder seinen Mitarbeitern zuhörte, sprang das Schreibutensil zwischen Daumen und Handfläche und zwischen den einzelnen Fingern hin und her. Manchmal war die Spielerei so dynamisch, dass der Stift über den Konferenztisch in den Raum flog. Dass der Stiftjongleur damit seine Unsicherheit und Nervosität nur noch deutlicher zur Schau stellte, liegt auf der Hand. Fahrige Gesten mit einem Spielzeug zu unterdrücken, funktioniert also kein bisschen, im Gegenteil. Es lenkt die Aufmerksamkeit der anderen Teilnehmer nur noch mehr auf Ihre Anspannung. Sind Sie nervös, stabilisieren Sie sich besser durch einen regelmäßigen Schluck aus dem Wasserglas oder schreiben Sie sich ab und zu ein Stichwort auf. Auch das gibt Sicherheit, und so erfüllt der Kugelschreiber auch seinen eigentlichen Zweck.

anderen Meinungen nicht interessiert oder für sie nicht aufnahmebereit.

› Hängen Sie nicht lasch in Ihrem Stuhl. Sonst wirken Sie wie ein gelangweilter und passiver Zuhörer, aber nicht wie ein aktiver Mitentscheider.

› Sie sitzen aber auch nicht in der Achterbahn. Klammern Sie sich also nicht an den Stuhllehnen fest [g, Seite 72]. Damit wirken Sie verkrampft und sind es auch.

› Wenn Sie Ihre Hände gerade nicht brauchen, legen Sie sie offen in den Schoß [h, Seite 72] oder auf dem Tisch ab.

› Wenn Sie etwas zu sagen haben, sprechen Sie laut und deutlich, damit Sie die Gruppe für Ihre Ideen begeistern.

› Was wollen Sie mit Ihrer Körperhaltung aussagen? »Ich habe nichts zu befürchten:« Dann setzen Sie sich locker angelehnt in den Stuhl. »Ich bin wichtig hier, für das Unternehmen ebenso wie für das Team:« Dann zeigen Sie einen breiten Brustkorb.

› Vermeiden Sie jegliche Verlegenheitsgesten (Seite 31) wie sich in den Nacken fassen, mit der Halskette spielen oder sich am Ohrläppchen zupfen [i, Seite 72].

Teamwork – auch ohne Worte

Sich unter Kollegen auf Basis eines regen und vor allem positiven Austauschs gegenseitig zu motivieren, lohnt sich für alle Beteiligten. Wie aber wirken bestimmte körpersprachliche Signale ganz konkret am Arbeitsplatz? Was sind kleine und was größere Fettnäpfchen im Büro? Und wie funktioniert reibungsloses Teamwork auf nonverbaler Basis?

Der Volksmund sagt, jeder hat die Kollegen, die er verdient. Das klingt wie eine düstere Prognose, hat aber einen wahren Kern. Wenn Sie jemanden ablehnen und sich auch dementsprechend verhalten, werden Sie zu dieser Person nie ein gutes Verhältnis aufbauen können. Stecken Sie also niemanden, mit dem Sie vielleicht noch

f Mit abweisenden Gesten signalisieren Sie, für andere Meinungen nicht aufgeschlossen zu sein.

g Wenn Sie sich an den Armlehnen festklammern, wirken Sie auf jeden Fall verkrampft.

h Legen Sie Ihre Hände entspannt im Schoß ab, bis Sie sie für Gesten einsetzen.

i Wenn Sie sich häufig am Ohrläppchen zupfen, wird Ihnen Unsicherheit unterstellt.

Jahre zusammenarbeiten müssen, sofort in eine Schublade – damit schaden Sie sich nur selbst. Bleiben Sie stattdessen offen und geben Sie auch dieser Person eine zweite oder sogar eine dritte Chance. Menschen können sich schließlich ändern, und Sie können eine zwischenmenschliche Beziehung aktiv beeinflussen. Etwa indem Sie Ihr Verhalten bewusst ändern und auch einen bislang weniger geschätzten Mitarbeiter behandeln, als wäre er Ihnen (bereits) sympathisch. Mit ziemlicher Wahrscheinlichkeit wird er das dann auch.

Gewinnen Sie Ihre Arbeitskollegen für sich

Trotz aller Bemühungen werden Sie nicht zu allen Kollegen ein gleich gutes Verhältnis aufbauen können. Und manchmal werden Sie etwas Geduld aufbringen müssen, um ein Teammitglied zu gewinnen.

1. Gehen Sie mit gutem Beispiel voran und versuchen Sie, sympathisch aufzutreten. Seien Sie dabei selbstsicher, aber nicht arrogant.

2. Tragen Sie die Nase im wahrsten Sinne des Wortes nicht zu weit oben. Kommunizieren Sie auf Augenhöhe – freundlich, harmonisch, aber auf sachlicher Ebene. Richten Sie dabei Ihren Blick und Ihre Haltung immer auf Ihr Gegenüber aus.

3. Zeigen Sie aufrichtiges Interesse an Ihren Kollegen, fragen Sie nach aktuellen Projekten oder Vorhaben, loben Sie auch kleine Erfolge, über die Sie sich ehrlich freuen. Wahren Sie dabei die Grenze zur Neugierde.

Fassen Sie nicht hartnäckig nach, wenn ein Teammitglied nur wenig berichten möchte. Interessiertes Zuhören signalisieren Sie am besten mit einem leichten Lächeln und regelmäßigem leichten Nicken.

4. Zeigen Sie sich Ihren Kollegen gegenüber nicht verschlossen, indem Sie ihnen Schulter oder Rücken zuwenden oder mit lebloser Miene und verschränkten Armen zuhören.

5. Verbessern Sie das Betriebsklima, indem Sie neben einer aufrechten Haltung und einem lebendigen Ausdruck vor allem auch ein inneres Lächeln und kontaktfreudige Blicke mitbringen.

6. Warten Sie nicht, bis Kollegen Sie ansprechen. Gehen Sie auf andere zu, seien Sie offen, sowohl in der Kommunikation als auch mit der Körpersprache.

7. Die beste Strategie für eine gute Beziehung zu Ihren Kollegen: Seien Sie selbst der Kollege, den Sie sich an Ihrer Seite wünschen. Wenn Sie sich das immer wieder bewusst machen, werden Sie sich ganz automatisch richtig verhalten.

Erfolgsfaktor Empathie

Gruppenbildungen sind in einem Unternehmen ganz natürlich. Ihre Wurzeln reichen zurück bis in die Urzeit, als sich die Menschen zusammenrotten mussten, schlichtweg um zu überleben. Jeder im Clan hatte seine Position und seine Aufgabe und fühlte sich sicher und geborgen. Auch deshalb, weil es eine Person – in der

Regel war es die stärkste – an der Spitze gab, um die man sich scharen konnte.

Dieses Phänomen ist auch heute noch zu beobachten. Um jene Kollegen, die selbstbewusst auftreten, sich in Meetings und bei Projekten behaupten, allgemein gut drauf sind und ihren Job souverän meistern, versammeln sich gern andere Mitarbeiter, um von der starken Position des Kollegen zu profitieren oder diese als Rückhalt zu nutzen. Ob Sie als »Stammesführer« wahrgenommen werden, hängt vor allem von Ihrer Ausstrahlung ab und davon, ob Sie es schaffen, Menschen für sich zu gewinnen. Sollte das Ihr Ziel sein, heißt das Zauberwort Empathie, also Einfühlungsvermögen (auch Seite 174). Mit ziemlicher Sicherheit werden Sie jeden Kollegen, dem Sie ehrliches Interesse, Verständnis, Mitgefühl und Unterstützung zukommen lassen, auf Ihrer Seite haben. Doch wie kommen Sie zu dieser wünschenswerten Eigenschaft, die niemandem einfach so in die Wiege gelegt wird? Ein gutes Einfühlungsvermögen lässt sich trainieren, wie die meisten sogenannten sozialen Talente, am besten durch zwischenmenschliche Kommunikation – verbale und nonverbale.

Zeigen Sie Mitgefühl

Nörgelnde, pessimistische, problembeladene Zeitgenossen sind ebenso wie zweifelnde, jammernde und launische Kollegen nicht einfach im Umgang. Zeigen Sie trotzdem Mitgefühl und Hilfsbereitschaft.

› Ein offener, interessierter Blick ist immer richtig. Zusätzlich können Sie durch leichte Berührungen an der Schulter oder am Arm [a] Ihre Anteilnahme verstärken. Weicht Ihr Gegenüber leicht zurück, belassen Sie es bei nonverbalen Signalen auf Distanz.

› Freundlich und gelassen, geduldig und tolerant erreichen Sie in jeder Situation mehr, und Ihre Ausgeglichenheit überträgt sich auf andere. Vermeiden Sie darum auch in hektischen oder angespannten Situationen unruhige oder bedrohlich wirkende Gesten oder eine verkrampfte Mimik [b]. Setzen Sie auf ruhige Armbewegungen von unten nach oben. Zeigen Sie die Handinnenflächen, nicht die Handrücken. Und achten Sie auf eine lockere Gesichtsmuskulatur.

› Zeigen Sie Respekt gegenüber älteren Kollegen oder solchen mit mehr Erfahrung. Halten Sie die Tür auf, lassen Sie den Vortritt. Das hat nichts mit unterwürfigem Verhalten zu tun. Vielmehr beweisen Sie damit Stil und Niveau und schaffen eine gute Basis, diesen Kollegen auf einer Ebene zu begegnen. Der Respekt, den Sie Ihren Teammitgliedern erweisen, kommt zu Ihnen zurück. Lassen Sie Ihre Gesprächspartner immer ausreden und fallen Sie niemandem ins Wort. Das Sprichwort »Wie man in den Wald hineinruft, so hallt es zurück« bewahrheitet sich auch im Berufsalltag.

Seien Sie entgegenkommend

Trotz eines respektvollen und empathischen Umgangs miteinander ist es ganz normal, dass man sich mit manchen Kollegen besser versteht als mit anderen. Gerade im Umgang mit jenen Kollegen, bei denen es leichter zu Spannungen kommt und die Kommunikation eher kompliziert ist, kann eine bewusste Körpersprache äußerst hilfreich sein. Beispielsweise bei einem Gespräch, das ansteht. Wie?

› Zeigen Sie eine offene Körperhaltung, bei der Sie sich Ihrem Gegenüber frontal zuwenden und dennoch etwa eine Armlänge Distanz wahren. Noch besser, wenn Sie sich im rechten Winkel zu ihm stellen. Sich mit dem Oberkörper wegzudrehen und dem Anderen sprichwörtlich die kalte Schulter zu zeigen, sollten Sie dagegen vermeiden.

› Mit wohlwollenden Gesten, bei denen die Hände mit den Innenflächen nach oben zeigen, können Sie das, was Sie sagen, positiv unterstreichen. Eine negative Wirkung haben dagegen ablehnende, wegwerfende oder wegschiebende Gesten.

a Mit einer leichten Berührung am Oberarm oder Ellbogen signalisieren Sie Anteilnahme.

b Vermeiden Sie in angespannten Situationen hastige oder hektische Gesten mit den Armen.

› Schauen Sie Ihren Gesprächspartner freundlich und interessiert an, lächeln und nicken Sie leicht. Wollen Sie ihm darüber hinaus signalisieren, dass Sie ihm wohlgesonnen sind und keine Gefahr für ihn darstellen, neigen Sie den Kopf leicht zur Seite. Damit offenbaren Sie Ihre schwächste Körperstelle und das Gegenteil von Kampfbereitschaft.

Halten Sie Blickkontakt

Von großer Bedeutung ist in solchen Situationen der Blickkontakt, denn von Angesicht zu Angesicht findet nonverbale Kommunikation in ihrer direktesten Form statt und hat damit die stärkste Wirkung. Der Blick eines Gesprächspartners kann eine Menge verraten. Andererseits kann Ihr Blick auch vieles bewirken:

› Wer unsicher oder gehemmt ist, blickt oft von unten nach oben. Meiden Sie selbst diesen »Tiefblick« [c], sonst haben Sie in einem schwierigen Gespräch automatisch eine schwächere Position. Stellen Sie dieses Blickverhalten bei Ihrem Gegenüber fest, versuchen Sie, ihm die Unsicherheit zu nehmen, etwa indem Sie den Kopf leicht zur Seite neigen und sich dadurch selbst etwas verletzlicher präsentieren.

› »Ich schau dir in die Augen, Kleines.« Dieses berühmte Filmzitat sollte zum Gebot ernannt werden, denn Menschen, die uns nicht richtig ansehen, irritieren uns. Gehen Sie also immer mit bestem Beispiel voran und suchen Sie Blickkontakt. Nur so bauen Sie eine wirkliche Beziehung zu Ihrem Gesprächspartner auf.

› Wer wirklich überzeugt ist von dem, was er sagt, schaut seinem Gesprächspartner direkt in die Augen [d].

Vertreten Sie eine Meinung, seien Sie also doppelt standhaft, nämlich mit Ihren Argumenten und mit Ihrem Blick. Aber starren Sie nicht. Einen Gedanken lang den Blick halten ist genau richtig.

› Haben Sie die Angewohnheit, in bestimmten Situationen über den Rand Ihrer Brille zu blicken [e]? Tun Sie es nicht. Denn damit wirken Sie streng und dominant und erinnern eher an einen harten, unbeliebten Schulmeister als an einen sympathischen Kollegen.

› Sollte es Ihnen schwerfallen, den Blickkontakt zu anderen zu halten, gibt es einen einfachen Trick: Konzentrieren Sie sich auf die Nasenwurzel Ihres Gegenübers.

› Blickt ein Kollege im Gespräch über Ihren Kopf hinweg oder an Ihnen vorbei [f]? Möglicherweise ist er mit den Gedanken woanders, nicht am Thema interessiert oder hat ein persönliches Problem mit Ihnen. In jedem Fall wirkt dieses Verhalten äußerst unhöflich und überheblich. Was Sie in einer solchen Situation tun können? Zwingen Sie ihn, den Blick auf Sie oder zumindest auf das Thema zu werfen, indem Sie eine Frage an ihn richten, etwas demonstrieren, am Flipchart etwas aufzeichnen oder eine Grafik vorlegen. Haben Sie ihn damit »geködert«, versuchen Sie, auch auf Sympathieebene eine Beziehung herzustellen. Bleiben Sie offen.

› Mit dem Blick nehmen wir intensiv und ohne Worte Kontakt auf, auch in einer Gruppe. Wer angeschaut wird, fühlt sich akzeptiert und integriert. Wer nicht, empfindet dies als Ausgrenzung oder Missachtung. Achten Sie im Kontakt mit mehreren Personen deshalb immer darauf, alle Beteiligten mit den Augen einzubinden.

c Wer von unten nach oben blickt, wirkt gehemmt und schwächt seine Position.

d Mit dem direkten Blickkontakt wirkt eine Aussage noch überzeugender.

e Über den Brillenrand zu schauen, hat etwas Strenges und Schulmeisterliches.

f Blickt jemand am Kollegen vorbei, könnte ihn das Thema nicht interessieren.

Deutliche Gesten und klare Mimik

Glauben Sie, dass Sie Ihre Stimmungen gut verbergen können, sobald Sie das Büro betreten? Dass man Ihnen nicht ansieht, ob Sie privat gerade eine stressige Zeit haben oder frisch verliebt sind? Dann sollten Sie der Realität ins Auge sehen: Selbst wenn kein Wort über Ihre privaten Sorgen oder Vorhaben über Ihre Lippen kommt, spricht Ihr Körper Bände. Bei Ihren Kollegen kommen sehr deutliche Botschaften an – eben auch ohne Worte. Ein abschweifender Blick, eine müde Mimik, unkonzen-

a Eine kraftlose Haltung und ein abschweifender Blick sind Zeichen für Unzufriedenheit.

b Ein beschwingter Gang und lachende Augen zeugen von Zufriedenheit.

trierte Gesten oder eine kraftlose Haltung [a], ein glückliches Lächeln, strahlende Augen, ein aufrechter Gang [b] oder eine herzliche Geste – das alles nimmt Ihr Umfeld wahr und interpretiert die empfangenen Signale, bewusst oder unbewusst.

Natürlich sind auch Ihre Kollegen durch deren Körpersprache wandelnde Informationstafeln. Deshalb heißt es: genau hinschauen. Denn um die wahren Motive und Gedanken zu entlarven, reicht genaues Hinhören längst nicht aus. Sobald Sie auch die Signale des Körpers verstehen, können Sie Ihre Mitmenschen allerdings wie ein offenes Buch lesen. Vertrauen oder Misstrauen lassen sich damit ebenso ergründen wie Zuneigung oder Abneigung, Interesse oder Desinteresse, Zustimmung oder Ablehnung.

In der Praxis könnte das so aussehen: Einige Kolleginnen und Kollegen stehen gemütlich am Kaffeeautomaten zusammen, und Sie kommen dazu. Innerhalb von Sekundenbruchteilen registrieren Sie unbewusst, dass ein Mitarbeiter Sie freudestrahlend begrüßt und Ihnen dabei mit weit geöffneten Armen im wahrsten Sinne des Wortes sein Herz offenlegt. Ein anderer dagegen dreht sich ab, fast unmerklich, oder er macht einen halben Schritt zur Seite. Solch eine kleine Alltagssituation sagt sehr viel über Sie und Ihren Stand in der Firma aus, darüber, was bestimmte Kollegen über Sie denken und wie Sie auf andere wirken, ja sogar wie integriert Sie sind. Durch die Art und Weise, wie jemand sich Ihnen gegenüber verhält, spüren Sie, ob er Sympathie für Sie hegt oder nicht. Und Sie können an nonverbalen Signalen jegliche Gruppendynamik innerhalb eines Unternehmens oder Teams ablesen. Wer Ihnen wohlgesonnen ist, begegnet Ihnen freundlich, offen und zugewandt. Kollegen, die Sie noch nicht für sich gewinnen konnten, werden sich eher distanziert verhalten oder versuchen, sich selbst als stärker zu positionieren.

Die richtigen Signale senden

Unser Körper äußert sich sehr viel schneller, als wir es mit Worten tun können. Ob wir wollen oder nicht: Unsere Gefühle übernehmen das Kommando über manche Muskelgruppen und senden auf diese Weise unbewusst Signale. Letztlich heißt das, dass unsere Körpersprache macht und kommuniziert, was sie will. Zwar können Sie versuchen, Ihre Körpersprache bewusster einzusetzen. Sobald Sie jedoch anfangen, bestimmte Armbewegungen, Gesten oder eine Mimik auswendig zu lernen, um eine bestimmte Wirkung zu erzielen, erreichen Sie ganz schnell das Gegenteil. Dann wirkt Ihre Körpersprache aufgesetzt, und Sie wirken unnatürlich und unglaubwürdig. Halten Sie sich deshalb immer an die allerwichtigste und entscheidende Regel: Bleiben Sie authentisch! Zeigen Sie Ihre wahren Gefühle und versuchen Sie nicht, Ihre innere Haltung zu verbergen. Wer Emotionen zulässt, wird in der Regel als starke Persönlichkeit betrachtet, respektiert und ernst genommen. Spielen Sie andererseits aber keine Gemütslage vor, die nicht existiert. Sagen Sie nicht, Sie seien hocherfreut, während Sie Ihre Schultern hängen lassen und traurig schauen. Haben Sie erst einmal das Authentizitätsgebot

c Versteckte Hände sind immer ein Zeichen von Unsicherheit.

d Nach vorne gekippte Schultern zeugen von Ratlosigkeit und wenig Selbstvertrauen..

e Nackte Schultern wirken im Berufsalltag auch bei heißem Wetter unseriös.

f Ein Sakko vermittelt eine breitere Statur, und das wirkt souverän.

als wichtigsten Grundsatz für eine gute Wirkung verinnerlicht, können Sie den nächsten Schritt tun und versuchen, Ihre Haltung, Gestik und Mimik zu optimieren. Damit manipulieren Sie nicht Ihre Körpersprache, sondern verfeinern Ihren persönlichen nonverbalen Sprachstil. Machen Sie das Beste daraus.

Handzeichen

Ein Zeichen für Unsicherheit sind starre Hände, die obendrein unter dem Tisch versteckt sind [c]. Ihre Hände sollten immer sichtbar sein, um zu signalisieren, dass Sie nichts zu verbergen haben. Versuchen Sie das, was Sie sagen, immer mit natürlichen Gesten zu unterstreichen.

Schulterzucken

Die Schultern haben einen nicht unerheblichen Anteil auf die Gesamtwirkung und sind daher ein wichtiger Aspekt bei der Körpersprache. Beobachten Sie im Gespräch mit Kollegen einmal bewusst diese Körperpartie. Schon ein leichtes Schulterzucken verrät, dass der Sprecher unsicher und von dem, was er sagt, nicht vollständig überzeugt ist. Nach vorne gekippte Schultern [d] führen automatisch zu einem »Katzenbuckel«, ein Signal für Ratlosigkeit und wenig Selbstvertrauen.

Schultern vermitteln sexuelle Reize und werden häufig beim Flirten eingesetzt. Wer mit nackten Schultern auftritt [e] und mit diesen kokettiert, demontiert seine berufliche Ernsthaftigkeit. Bürokleidung schützt also auch vor ungewollten Assoziationen. Übrigens: Sakkos sind im Berufsleben deshalb so verbreitet, weil sie verräterische Schulterbewegungen und

damit auch ungewollte Signale verdecken Zudem vermitteln sie eine breitere Statur [f], was automatisch souveräner wirkt.

Sitzposition

Auch die Sitzposition trägt viel dazu bei, wie Sie wahrgenommen werden. Wenn Sie sich schmal und klein machen, dann fühlen Sie sich entsprechend und strahlen auch genau das aus. Hier der Test:

Setzen Sie sich aufrecht in Ihren Bürostuhl, drücken Sie die Brust durch, legen Sie die Hände auf die Oberschenkel, stellen Sie beide Beine fest auf den Boden, schauen Sie mit geradem Kopf nach vorne und sagen Sie: »Ich bin ein Versager und Schwächling.« Sie merken schnell, dass diese Aussage nicht zu Ihrer Haltung passt, denn in dieser aufrechten Position fühlen Sie sich stark, und das strahlen Sie auch aus. Das Experiment funktioniert natürlich auch umgekehrt: Sitzen Sie ohne Körperspannung mit hängenden Schultern und schlaffen Knien im Stuhl, wird Ihnen der Satz »Ich bin durchsetzungsstark und erfolgreich« vermutlich nur schwer über die Lippen kommen. Finden Sie eine gute Mischung aus Körperspannung und Lockerheit, dann wirken Sie selbstbewusst, überzeugend und natürlich.

Signale richtig erkennen

So hilfreich es ist, die eigene Körpersprache bewusst und gekonnt einzusetzen, ist die Fähigkeit, Signale anderer zu erkennen und zu deuten, ebenso entscheidend. Je genauer Sie den Gefühlszustand eines Kollegen wahrnehmen, desto besser können Sie darauf reagieren. Die Folge: Wer sich

g   Eine abgewandte Körperhaltung zeigt, dass die Atmosphäre angespannt ist.

h   Auch hängende Mundwinkel signalisieren Anspannung und Schwierigkeiten.

i   Ebenso kann eine ausdruckslose, traurige Mimik ein Hilferuf sein.

j   Wer krampfhaft seine Finger ineinander verknotet, könnte Unterstützung benötigen.

von Ihnen verstanden fühlt, wird Sie automatisch sympathisch finden und zu einer konstruktiven Beziehung bereit sein.

Nonverbaler Hilfeschrei

Um Konflikten im Team oder im Unternehmen von vornherein den Wind aus den Segeln zu nehmen, sollten Sie frühzeitig wahrnehmen, ob eine angespannte Atmosphäre herrscht oder jemand Hilfe und Unterstützung braucht. Nichts ist aufschlussreicher als nonverbale Signale Ihrer Kollegen. Bemerken Sie potenzielle Schwierigkeiten, dann steuern Sie dagegen. Damit tun Sie sich nicht nur selbst einen Gefallen, sondern man wird Ihnen auch als Problemlöser Respekt zollen. Deutliche nonverbale Signale dafür, dass etwas nicht rund läuft, sind:

› eine eingefallene oder geschlossene Körperhaltung,
› eine von anderen abgewandte Körperhaltung [g],
› hängende Arme und Schultern,
› hängende Mundwinkel [h],
› ein nach unten gerichteter Blick, der kaum Blickkontakt zulässt,
› eine leise oder sogar zittrige Stimme,
› fahrige Bewegungen,
› zusammengepresste Lippen,
› ausdruckslose Mimik [i],
› ablehnende oder abwehrende Gesten, wie der häufige Gebrauch des Zeigefingers, verknotete Finger [j], eine aufgestellte Handfläche, die geballte Faust.

Deutliche Vokabeln

Doch nicht nur zur Abwendung möglicher Dissonanzen, sondern auch beim täglichen Miteinander unter Kollegen ist derjenige im Vorteil, der die Körpersprache der anderen wahrnimmt und zu übersetzen weiß, sowohl um das konstruktive Miteinander zu gestalten, als auch um geschäftliche Interaktionen zu verbessern. Die aufschlussreichsten Signale sind:

› Ihr Gegenüber hat den Oberkörper nach vorne gelehnt. Das zeugt von Interesse für Sie oder Ihr Thema. Ein leicht nach vorne geneigter Kopf unterstreicht diese Geste noch [k, Seite 84].
› Ihr Gesprächspartner presst die Fingerkuppen aneinander, die Hände sind zu einem Dach geformt. Das ist pure Selbstsicherheit. Er steuert das Gespräch, demonstriert überlegenes Wissen und lässt alles andere an sich abprallen.
› Verschränkte Arme können entweder eine bequeme, lässige und nachdenkliche Grundhaltung sein, aber auch Desinteresse, Abwehr und Verschlossenheit zeigen. Achten Sie auf weitere Signale und den Kontext (Seite 16).
› Zusammengekniffene Lippen drücken Dissonanz aus. Hier ist jemandem das Thema oder die Situation unangenehm. In einer Art Verweigerungshaltung sagt Ihr Gegenüber ohne Worte: »Ich habe alles gesagt. Ich sage nichts mehr dazu.«
› Wer seinen Oberkörper zurücklehnt und die Arme hinter dem Kopf verschränkt, fühlt sich nicht nur unwohl, sondern lässt sich gehen und nimmt auf nichts und niemanden Rücksicht. Diese Körperhaltung kann gerade im Berufsleben Dominanz, Geringschätzung oder Provokation ausdrücken.
› Wenn der Gesprächspartner Nervosität, Anspannung oder Aggression abbaut, lässt er im wahrsten Sinne des Wortes

Dampf ab. Aufgeblähte Nasenlöcher [l] und mit aufgeblähten Wangen ausatmen sind hierfür typische Signale.

› Wer sein Gesicht, den Hals oder Nacken mit den Fingern berührt, sogenannte Selbstberuhigungsgesten (Seite 31), hat Sorgen, Angst oder ist angespannt.

› Wer mit der Hand über den Adamsapfel streift, seine Halskuhle berührt oder sich gar energisch an den Hals fasst, will seinem Unbehagen und seiner Unsicherheit beikommen.

› Emotionales Unbehagen oder Zweifel bezüglich der Situation, aber auch Unsicherheit drücken manche Menschen auch mit einem Griff in den Nacken aus [m].

› Wer seine Arme in die Hüften stemmt, zeigt damit seinen Revieranspruch und

k Ein nach vorne gebeugter Oberkörper und zur Seite geneigter Kopf zeigen Interesse.

l Aufgeblähte Nasenlöcher verraten, dass Nervosität oder Aggression abgebaut werden sollen.

m Der Griff in den Nacken ist ein Indiz für emotionales Unbehagen oder für Zweifel an der Situation.

demonstriert Überlegenheit. Wenn dabei auch noch die Daumen nach vorne zeigen, ist es ein Signal für Angriff [n].

> Wer den Daumen in die Hosentasche steckt und die anderen Finger dabei nach außen zeigen [o], lässt nicht nur Unsicherheit oder Minderwertigkeitskomplexe erkennen, sondern auch einen niedrigeren Status seinem Umfeld gegenüber.

> Beugt sich jemand nach vorne und stützt sich mit gespreizten Fingern auf dem Tisch ab [p], ist das eine klassische Geste für Souveränität und Dominanz.

> Ein aufrichtiges, echtes Lächeln ist daran zu erkennen, dass die Mundwinkel nach oben gehen und die Augen mitlachen. Bewegt sich hingegen die Augenpartie kaum, handelt es sich um ein falsches Lächeln.

n   Die Arme in den Hüften: Überlegenheit. Die Daumen dabei nach vorne: Angriffslust.

o   Daumen in den Hosentaschen und Finger außen: Unsicherheit und niederer Status.

p   Klassisch für Dominanz: Oberkörper nach vorne und die Finger auf dem Tisch abstützen.

Special: Aufschlussreiche Aufzugfahrt

Ist ein Büro oder eine Abteilung innerhalb des Unternehmens schon ein kleiner Mikrokosmos, der viel Unausgesprochenes zutage fördert, dann ist ein Zusammentreffen mit Kollegen auf noch kleinerem Raum – beispielsweise in einem Fahrstuhl –noch um einiges aufschlussreicher. Der Grund: Ist die Distanz, die wir physisch zu den Menschen um uns herum einnehmen können, eingeschänkt, werden wir automatisch unsicherer. Der natürliche Sicherheitsabstand ist nicht mehr gegeben. Eine Situation, in der wir deshalb auch unsere Körpersprache weniger im Griff haben und unbewusst mehr über uns verraten. Nutzen Sie also künftig jede Liftfahrt, um so manches über den Grundtypus Ihrer Bürogenossen zu erfahren:

Der Techniker

Dieser Kollege beschäftigt sich während der Liftfahrt ausschließlich mit seinem Mobiltelefon. Angeregt tippt er auf die Tasten oder starrt auf das Display – oft auch nur zum Schein, um direkte Kommunikation zu vermeiden. Dass in Aufzügen in der Regel gar kein Netz zu empfangen ist, ist zweitrangig. Er gibt sich sehr beschäftigt, will sein Image und seine Wichtigkeit aufpolieren und vor allem nicht angesprochen werden. Diese nonverbalen Signale entlarven, wie unwohl er sich in dieser Situation tatsächlich fühlt.

Die Schildkröte

Wer im Lift eng die Arme verschränkt und sich sozusagen in sich zurückzieht, verschließt sich gegenüber seiner Umwelt. Diese feste Umarmung mit sich selbst macht deutlich, dass in seinem Umfeld kein Platz für andere Menschen ist, auch nicht für einen netten Plausch zwischen vierter Etage und Erdgeschoss. Entweder handelt es hierbei um eine Schutzhaltung oder um einen Ausdruck von angestauter Aggressivität. So oder so: Versuchen Sie erst gar nicht, mit dieser Person ins Gespräch zu kommen, akzeptieren Sie einfach den Rückzug.

Der Soldat

Bauch rein, Brust raus – das ist bei diesem Typus im Lift die oberste Regel. Er steht kerzengerade im Aufzug, hat die Hände fest am Körper anliegen und den Rücken vorzugsweise an der Wand. Der Blick geht geradeaus, er lässt sich nicht ablenken von den ein- und aussteigenden Menschen. Trotzdem registriert er alles um sich herum genau. Diese Körperhaltung verrät großes Selbstbewusstsein und ein starkes Kontrollbedürfnis. Während sich dieser Typus selber wenig Raum gönnt, überzeugt er im Berufsalltag allgemein durch Loyalität und Disziplin – allerdings weniger durch Geselligkeit.

Der Sekundenzähler

Hände in den Hosentaschen, das wirkt auf den ersten Blick lässig. Finden in der Hosentasche mit den Fingern unruhige Bewegungen statt, dann könnte es ein Zeichen von Unsicherheit und Stress sein. Dieser Mitarbeiter zählt förmlich die Sekunden, bis sich die Aufzugtür endlich wieder öffnet. Manchmal starrt er während der gesamten Fahrt auf seine Schuhe oder an die Decke. Was für Außenstehende möglicherweise cool wirkt, zeigt eigentlich nur, dass hier jemand nicht weiß, wohin mit seiner Nervosität.

Das Opfer

Vor allem Frauen pressen gern Bücher, Aktenmappen oder Ordner an ihren Oberkörper, sobald sie nicht mehr allein im Lift stehen. Dazu verschränkte Beine, und fertig ist die typische Schutzhaltung. Bei Männern ist es die klassische Elfmeter-Pose, bei der die Hände in Hüfthöhe vor dem Körper zusammengehalten werden. Mit dieser Körperhaltung degradiert man sich leicht selbst zum Opfertypus.

Der Professor

Wie ein zerstreuter Professor wirkt ein Kollege, der sich fahrig benimmt, undeutlich artikuliert oder wirre Selbstgespräche führt. Die Mitfahrer im Lift erfahren Bruchstücke darüber, was er noch erledigen wollte, wen er noch anrufen muss, was er nach Feierabend und am Wochenende macht und was auf seiner Einkaufsliste steht. Dieser eher harmlose Kollege ist nett, kann aber durch seine Unkonzentriertheit auch anstrengend sein.

Der Vize

Dieser Kollege markiert den Aufzug deutlich als sein Revier und stellt sich in die Mitte oder noch besser: direkt vor die Türe. Mit diesem klaren Territorialverhalten zeigt er, dass er ›seinen‹ Raum gegenüber vermeintlichen Eindringlingen am liebsten abschirmen würde. Ganz selbstverständlich, mit breiten Schultern und bodenständigem Habitus, übernimmt er die Machtposition während dieser Liftfahrt. Er will den Ton angeben und die Knöpfe drücken. Im Betrieb wäre er gern der Boss.

Der Pfau

Ein drängelnder Kollege, der erst die Fahrstuhlknöpfe mit seinem ganzen Körper abschirmt und sich dann wortlos an allen vorbeischiebt, hält die anderen mit seiner Körpersprache deutlich auf Distanz und gebärdet sich als Alphatier. Seine aufgeblähte Brust und der erhobene Kopf sind typische Insignien. Er will zeigen, wie wichtig seine Rolle ist, dass er dringend erwartet wird und seine Zeit knapp bemessen ist. Ein Kollege mit einem tendenziell eitlen Wesen, der sich gern inszeniert.

Der Macher

Der Macher lehnt sich an die Aufzugswand, obwohl er weder müde noch erschöpft ist. Vielmehr unterstreicht er mit dieser demonstrativen Lässigkeit sehr deutlich seine Überlegenheit, die er den Mitfahrern gegenüber empfindet. Meistens hat dieser Typus in der Firma tatsächlich etwas zu melden. Er ist sich dessen bewusst, dass ohne ihn nichts vorwärtsgeht und schaut den anderen gelassen bei ihrem Tun zu. Er besitzt Macht, ohne diese zur Schau stellen zu müssen.

Männliche und weibliche Körpersprache

Der berühmte kleine Unterschied zwischen Mann und Frau macht sich fast überall bemerkbar – so auch im Berufsleben. Ist die Geschlechterteilung in vielen Alltagsbereichen längst keine Basis mehr für Konflikte, so kann die Unterscheidung zwischen starkem und schwachem Geschlecht gerade in Job und Karriere einiges an Problempotential bieten. Schließlich zählen hier nicht die Gene, sondern andere Faktoren. Frauen wird häufig weniger Kompetenz zugesprochen als ihren männlichen Kollegen in vergleichbaren Positionen. Ihnen wird weniger Durchsetzungsvermögen zugetraut, dafür mehr Unentschlossenheit bei Entscheidungen. Relikte archaischen Denkens, die sich hartnäckig halten. Zum Teil aber auch das Ergebnis unterschiedlicher Körpersprache. Anders ausgedrückt: Sowohl Mann als auch Frau senden im Berufsalltag oft jene nonverbalen Signale aus, die geschlechtsspezifisch von ihnen erwartet werden. Sie bestätigen auf diese Weise unbewusst die klassische Rollenverteilung. Dabei kann mit der eigenen Körpersprache jeder seine individuelle Rolle definieren und überholte Rollenbilder ersetzen.

Typisch männliche Körpersprache

Männer gebärden sich im wahrsten Sinn des Wortes eher dominant und aggressiv, sie preschen voran und tragen ihr Durchsetzungsvermögen und ihr Selbstbewusstsein offen zur Schau. Um das zu demonstrieren, neigen sie zu ausladenden Gesten und beanspruchen einen großen Raum für sich. Mit gespreizten Armen, breitbeiniger Sitzhaltung oder einer einnehmenden Standposition wirken sie entschieden und präsent. Männer tendieren dazu, sich frontal vor ein Publikum zu stellen und die Hände in die Seite zu stemmen. Oder mit vorgewölbtem Brustkorb und darauf verschränkten Armen auf andere bewusst einschüchternd zu wirken. Nicht ohne Grund erinnern all diese Gesten an das Balzverhalten in der Tierwelt, wo es darum geht, das eigene Revier zu markieren.

Durch eine aufrechte Körperhaltung, sichtbare Hände und einen festen Händedruck wollen Männer einen durchsetzungsstarken und selbstbewussten Eindruck vermitteln. Bei der Begrüßung halten sie dafür die Hand oft sehr fest und lang gedrückt oder drängen dabei in eine bestimmte Richtung, eine Art Kräftemessen. Ihren Machtanspruch signalisieren sie auch, wenn sie ihre Hand an den Unterarm des anderen legen. Aus demselben Grund verletzen Männer gelegentlich die persönliche Distanzzone ihres Gegenübers, indem sie einen Großteil des Raumes ganz selbstverständlich in Besitz nehmen. Auch dem Gesprächspartner mit einem mechanischen Lächeln und reduziertem Blickkontakt zu begegnen, ist eine Machtgeste mit der Botschaft »Ich lasse dir gerade mal so viel Aufmerksamkeit zukommen wie nötig ist oder wie es die Höflichkeit erfordert«.

Doch nicht nur die beschriebenen typischen Alphatier-Signale gehören zu den männlichen Körpersprachevokabeln, sondern auch unterwürfige Gesten werden – wenngleich weit seltener – eingesetzt und sind sehr aufschlussreich. Beispielsweise offenbaren eine gebeugte Körperhaltung und ein fehlender Blickkontakt zum Gesprächspartner Untertänigkeit, Selbstverleugnung oder Unzulänglichkeit.

a   Hände in den Hosentaschen wirken vor allem bei der Begrüßung uncharmant.

b   Mit breitbeiniger »Napoleon-Haltung« wird Überheblichkeit demonstriert.

c   Ein Bein auf dem anderen abgelegt, zeigt die nackte Wade. Das ist weder souverän noch elegant.

Körpersprachetipps für Männer

Mit folgenden Tipps gewinnen Sie:

› Ein anhaltender Blickkontakt mit freundlicher Mimik und offener Körperhaltung ist ein Zeichen für den Wunsch nach Kontaktaufnahme und kommunikativem Austausch – lassen Sie es zu.

› Beim Händeschütteln sollten Sie auf einen Würgegriff verzichten, weder quetschen noch allzu impulsiv drücken.

› Vermeiden Sie Hände in der Hosentasche [a, Seite 89], vor allem bei der Begrüßung ist das alles andere als charmant.

› Selbst wenn Sie sich als Feldherr der Firma fühlen: Die »Napoleon-Haltung« [b, Seite 89] ist nicht gerade empfehlenswert. Damit wirken Sie vor allem überheblich.

› Tragen Sie Ihr Kinn nicht allzu hoch.

d Mit hinter dem Rücken ineinander gelegten Händen signalisieren Frauen Hilfebedürftigkeit.

e Die eingeknickte Hüfte ist eine Schutzhaltung, die Unterwürfigkeit ausdrückt.

› Ihre Haltung sollte nicht zu lässig sein. Vermeiden Sie, nach vorne gebeugt und mit den Unterarmen auf den Oberschenkeln zu sitzen. Lümmeln Sie sich aber auch nicht in den Stuhl hinein.

› Legen Sie nicht ein Bein auf dem anderen Knie ab. Eine nackte Wade ist weder elegant, noch trägt sie zu einer souveränen Haltung bei [C, Seite 89].

Typisch weibliche Körpersprache

Ebenso wie Männer verhalten sich auch Frauen mit nonverbalen Signalen zu einem Großteil sehr stereotypisch. Allerdings tendieren sie viel häufiger zu unterwürfigen Gesten. Besonders in Stresssituationen neigen Frauen dazu, sich zurückzuziehen. Weibliche Körpersprache strahlt eher Kompromiss- als Konfliktbereitschaft aus. Sowohl im Stehen als auch im Sitzen überschlagen oder kreuzen Frauen gern die Beine. Das mag zwar oftmals dem Outfit geschuldet sein und wirkt elegant, gleichzeitig aber zurückhaltend und schutzbedürftig. Eine Art Hilfsbedürftigkeit signalisieren Frauen unbewusst auch dadurch, dass sie ihre Hände hinter den Rücken nehmen [d], den Kopf schief legen oder mit einer Hand über den Bauchbereich greifen und sich am anderen Arm festhalten. Abgeknickte Handgelenke und ein schwacher Händedruck werden grundsätzlich als Zeichen von Schwäche und mangelndem Selbstvertrauen interpretiert. Generell wirken weibliche Gesten eher weich und unentschlossen, auch im Berufsleben.

Zu den typisch weiblichen Körpersprachevokabeln gehören außerdem eine eingeknickte Hüfte [e], ein schräg gehaltener Kopf und verborgene Hände. Diese Gesten sind allesamt Schutzhaltungen und drücken Ängstlichkeit und unbewusste Unterwürfigkeit aus. Je stärker die Unsicherheit ist, desto häufiger kommen Verlegenheitsgesten (Seite 31) wie das Spielen mit der Halskette, das Berühren der Halskuhle oder das Drehen an den Haaren dazu.

Die Krux mit der Stimme

Ein häufiges Problem von Frauen, vor allem im Berufsleben, ist der Einsatz der eigenen Stimme. Frauen nutzen lediglich 70 Prozent ihres Stimmvolumens und sind deshalb ohnehin meist leiser und zurückhaltender als Männer. Hinzu kommt, dass die weibliche Stimme höher wird, wenn ihre Besitzerin wütend, aufgeregt oder unsicher ist. Wer darum als Frau versucht, über die Stimme Durchsetzungsvermögen zu demonstrieren, wird gern als »hysterisches Weib« abgestempelt. Achten Sie bewusst auf eine tiefere Stimmlage, denn damit wird Ihnen mehr Kompetenz zugetraut. Die richtige Stimmlage finden Sie, indem Sie sich vorstellen, Sie sitzen vor Ihrer Lieblingsspeise und sagen genussvoll »mmmhhh«. Und genau in dieser Tonlage sprechen Sie weiter. Auch wenn es Ihnen selbst zu tief vorkommt: Mit dieser Stimmlage wirken Sie souverän.

Körpersprachetipps für Frauen

Mit den folgenden Tipps gewinnen Sie:

› Bereiten Sie sich auf schwierige Situationen oder Gespräche mental vor. Spielen Sie die Szene vor Ihrem geistigen Auge durch. Überlegen Sie, wie Sie die Lage souverän und erfolgreich meistern.

› Sprechen Sie langsam und deutlich. Nehmen Sie sich genügend Zeit, Ihre Meinung mit ruhiger und möglichst tiefer Stimme kundzutun.

› Nehmen Sie sich Raum. In einem Meeting wie an Ihrem Schreibtisch oder gegenüber Ihren Chefs und Kollegen dürfen Sie sich bei passender Gelegenheit auch mal als »Platzhirsch« geben.

› Erden Sie sich im Sitzen. Stellen Sie Ihre Beine parallel nebeneinander, anstatt sie zu überschlagen.

› Erden Sie sich im Stehen. Verteilen Sie Ihr Gewicht gleichmäßig auf beide Beine.

› Wenn Sie unterbrochen werden, lassen Sie sich weder aus der Ruhe noch aus dem Konzept bringen. Fixieren Sie den Störer und sprechen Sie souverän weiter, denn nach wie vor sind Sie am Zug.

› Demonstrieren Sie Selbstbewusstsein, indem Sie Kopf und Wirbelsäule gerade halten. Zeigen Sie im wahrsten Sinn des Wortes Rückgrat.

› Beugen Sie sich im Sitzen leicht nach vorne, um einerseits Präsenz und andererseits Interesse zu zeigen.

› Legen Sie Ihre Arme links und rechts von Ihrem Körper auf dem Tisch ab und markieren Sie Ihr Territorium.

› Verinnerlichen Sie Ihre selbstbewusste Einstellung. Das ist der Garant für eine überzeugende Körpersprache.

› Schulen Sie nicht nur Ihre Stimme, sondern auch die Atmung, mit aufrechter Kopfhaltung und geraden Schultern. Und immer in den Bauch hineinatmen!

› Signalisieren Sie zu jeder Gelegenheit Selbstsicherheit, Kompetenz und Professionalität. Bleiben Sie ernst, wenn Sie Ihr Anliegen vertreten. Stehen Sie aufrecht und knicken Sie nicht in der Hüfte ein.

› Sie müssen nicht »everybody's darling« sein. Aber auch keine Zicke. Legen Sie Wert darauf, respektiert zu werden. Respekt bringt Ihnen im Berufsleben mehr, als nett gefunden zu werden.

› Neben Ihrer Leistung kommt es auch darauf an, wahrgenommen zu werden – Ihre Körpersprache sorgt dafür!

Ein Plädoyer für weibliche Körpersprache

Es ist ein Teufelskreis: Männern werden Eigenschaften zugeschrieben wie Entscheidungsfreude, Autorität und Stärke, Frauen hingegen Wärme, Freundlichkeit und Güte. Wenn eine Frau im Berufsleben nun diese weibliche Stereotype verletzt und sich dominant statt nett zeigt, bricht sie vorherrschende kulturelle Regeln. Bleibt sie aber bei ihren weiblichen Eigenschaften, wird sie als weniger kompetent und fähig wahrgenommen als ihre männlichen Kollegen. Männer drängeln, stoßen und schubsen eher und fassen andere Menschen wesentlich selbstverständlicher an – interpretiert wird das als Durchsetzungsfähigkeit und Stärke. Wenn Frauen ein solches Verhalten zeigen, werden sie gern als ruppig, maskulin oder machtgierig abgestempelt.

Dass Frauen bei gleicher Qualifikation noch immer niedrigere Positionen innehaben und schlechter bezahlt werden als ihre männlichen Kollegen, ist kein Mythos. Dass sie bei Beförderungen eher übergangen werden als die Herren und sie beim beruflichen Aufstieg größere Schwierigkeiten zu überwinden haben, ebenso wenig. Obwohl sich inzwischen in vielen Unternehmen doch einiges verändert hat, ist das zarte Geschlecht in den Chefetagen nach wie vor kaum vertreten. Zwar stehen Frauen ihren männlichen Kollegen in Sachen Entscheidungs- und Leistungsfähigkeit und Qualifikation theoretisch in nichts nach. Dennoch sind sie in Führungsrollen deutlich unterrepräsentiert. Und wirkliche Akzeptanz müssen sie sich in der Männerdomäne ohnehin noch (manchmal sehr hart) erkämpfen.

Harte Schale – weicher Kern

Die Lösung: Wenn Frauen die männlichen Businessspielregeln durchschauen, können sie sich damit auf Erfolgskurs bringen – indem sie unternehmensinterne Machtspiele mit gezieltem Blick- und Körpereinsatz bewusst und strategisch für sich nutzen. Die wichtigste Regel dabei lautet: Eine erfolgreiche Haltung entsteht im Kopf, der die entsprechenden Befehle dann an den Körper sendet.

Folgende ganz normale Alltagssituation macht den Unterschied zwischen weiblicher und männlicher Körpersprache im Beruf recht deutlich: Ein männlicher Vorgesetzter legt seinem Mitarbeiter einen Aktenstapel vor und sagt: »Erledigen Sie das bis morgen!« Die Aufforderung ist klar: Der Stapel ist schnellstmöglich abzuarbeiten. Nonverbal unterstützt der Vorgesetzte seine Anweisung mit dem Zeigefinger, mit dem er auf den Stapel deutet. Die Order gibt er ohne Lächeln, seine verbale und seine nonverbale Sprache sind dominant. Dem Naturell einer Frau entspräche in diesem Fall eher, eine Bitte vorzubringen: »Könnten Sie das bitte bis morgen erledi-

gen?« Ihre nach oben geöffneten Handflächen würden die freundliche Anfrage dabei unterstützen. Doch was kommt bei der beauftragten Mitarbeiterin wahrscheinlich an? Genau: Der Auftrag ist nicht so dringend, er kann warten.

Die Wichtigkeit von Körpersprache im Beruf ist also gerade für eine Frau nicht zu unterschätzen. Neben Fachkompetenz, Autorität und Redegewandtheit gehört eben auch das nonverbale Verhalten zu den Bausteinen eines erfolgreichen beruflichen Werdegangs. Wer Gestik und Mimik richtig einsetzt, bringt es weiter. Doch sich als Frau zu behaupten und sich sozusagen untypisch zu verhalten, ist oftmals ein Problem. Viele Körperhaltungen, die für einen Mann selbstverständlich sind (etwa sich breitbeinig aufstellen, Arme in die Hüfte stemmen), würde eine Frau einfach nicht einnehmen. Wer im Beruf als Frau aufsteigen will, kommt allerdings nicht umhin, an der eigenen Kommunikationskompetenz behutsam und zielorientiert zu arbeiten.

Genetisch bedingt?

Schon die Biologie sorgt dafür, dass die Differenz zwischen Männern und Frauen auch in ihrem Auftreten deutlich wird: Männer sind meist größer und besitzen mehr Masse, verfügen über eine lautere Stimme und zeigen von Natur aus mehr Präsenz. Kein Wunder, wenn Frauen das Gefühl haben, sich mit ihrer physischen Präsenz schwerer behaupten zu können. Hinzu kommt der Faktor Erziehung in unserer Gesellschaft: Mädchen werden (immer noch) früh dazu erzogen, freundlich zu lächeln und zu nicken, einfach immer lieb zu sein. Für Frauen können solche antrainierten Reflexe im Berufsleben später sehr hinderlich sein. Ebenso wie weibliche Rollenstereotypen, auf die Mädchen und junge Frauen während ihrer Entwicklung geschult werden: Wenn sie sich fügen, werden sie belohnt und in ihrem Verhalten bestärkt. Wenn sie davon abweichen, wird das sanktioniert.

Diese nonverbalen geschlechtsspezifischen Verhaltensweisen und Interaktionen werden noch dadurch verstärkt, dass identisches Verhalten je nach Geschlecht unterschiedlich interpretiert wird.

Die Lösung: Finden Sie Ihren eigenen Stil

Wie soll nun eine optimale weibliche und erfolgreiche Körpersprache aussehen, die nicht nur Kompetenz, sondern auch Sympathie vermittelt? Eine Patentlösung gibt es leider nicht. Jeder Mensch – ob Frau oder Mann – muss seinen eigenen nonverbalen Sprachstil finden. Als Frau im Job einfach männliche Gesten und Verhaltensweisen zu adaptieren, führt nicht zum Ziel. Die Wirkungsweise maskuliner Körpersprache zu durchschauen, jedoch schon. Wer als Frau diese Mechanismen in reduzierter Form und in authentischem Maße nutzt, um die individuelle Körpersprache etwas männlicher zu färben, ist auf einem guten Weg, die eigene Stärke direkter und deutlicher zu demonstrieren und trotzdem eine vorteilhafte weibliche Wirkung nicht zu verlieren.

Gleiches Auftreten – unterschiedliche Wirkung

Ein Beispiel: Eine kräftige Stimme beim Mann wird grundsätzlich positiv bewertet, bei der Frau negativ. Akzeptiert und gutgeheißen wird es, wenn Frauen sich in ihrem Sprachverhalten bescheiden und unauffällig geben. Jeder Gesprächserfolg wird damit von vornherein den Männern zugestanden. Der untergeordnete Status von Frauen bestätigt sich durch solche Vorstellungen. Tritt eine Frau aus diesem Modus heraus und übernimmt männliches kommunikatives Verhalten, muss das keineswegs ein Erfolgsgarant sein.

Dass erfolgreiche Frauen oft männlich wirken, hat also eine Ursache. Männliche Stereotype werden automatisch auf weibliche Führungskräfte übertragen. Schnell gelten sie als unbescheiden, machthungrig und selbstsüchtig. Wer dieser Falle entgehen will, sollte sich klarmachen: Der große Unterschied liegt weniger im unterschiedlichen Verhalten als vielmehr in der Art und Weise, wie Männer und Frauen wahrgenommen werden. In einer Studie konnte eine US-amerikanische Professorin für Psychologie nachweisen, dass Probanden mit gleichem Background, gleicher Handlung und in gleicher Situation unterschiedlich bewertet wurden: die Männer eher positiv, die Frauen eher negativ. Unternehmerinnen wurde zwar zugestanden, ebenso kompetent und effektiv zu sein wie ihre männlichen Kollegen. Gleichzeitig wurde ihnen jedoch mangelnde Authentizität, fehlende Bescheidenheit, Dominanz, Unfreundlichkeit, Machthunger, Eigeninteresse und Verschlagenheit zugeschrieben.

Nonverbal punkten: kleine Tricks für Mann und Frau

Körpersprache ist nicht nur geschlechtsspezifisch, sondern auch noch typabhängig. In geschäftlichen Situationen, in denen Frauen mit Männern konkurrieren, bringt der Einsatz der richtigen Körpersprache und Körperhaltung gravierende Vor- oder eben Nachteile. Frauen und Männer können von sogenannten »typischen« Signalen des anderen Geschlechts lernen und davon profitieren.

So kommen Sie als Frau stärker rüber

Je selbstverständlicher Sie die Anregungen umsetzen, umso wirksamer sind sie:

› Harmoniestreben ist im Berufsleben nicht immer wünschenswert. Wettbewerb belebt bekanntlich das Geschäft. Gehen Sie also der Konkurrenz nicht aus dem Weg, sondern stellen Sie sich der Herausforderung – und gewinnen Sie Spaß daran.

› Unterschätzen Sie sich nicht, glauben Sie an Ihre Fähigkeiten und tragen Sie das auch nach außen. Suggerieren Sie Ihrem Umfeld, dass Sie der geborene Erfolgsmensch sind. Zeigen Sie immer wieder Ihr Durchsetzungsvermögen. Bescheidenheit und Zurückhaltung haben in der Firma nichts verloren, vor allem dann nicht, wenn Sie die Karriereleiter hochsteigen möchten. Bleiben Sie dennoch immer taktvoll und authentisch.

› Statusunterschiede sollten Sie beflügeln und motivieren, geradezu antreiben. Im Unternehmen geht es nicht um ausgeglichene Rollenverhältnisse. Ein gerader, offener Blick, der auch einen Moment des Schweigens erträgt, gibt Ihnen Stärke. Die Aufmerksamkeit Ihres Gegenübers dürfte Ihnen damit sicher sein.

› Kopf immer gerade halten – das ist neutral. Zwar signalisiert ein geneigter Kopf dem Gesprächspartner, dass Sie konzentriert und interessiert zuhören. Allerdings kann eine solche Haltung auch als Zeichen von Unterwürfigkeit gedeutet werden.

› Kopf hoch, Brust raus. Ihre selbstbewusste Körperhaltung beeinflusst Ihr Denken und Handeln. In Situationen, in denen Sie sich lieber verkriechen würden, sollte Ihre Haltung noch souveräner sein.

› Sprechen Sie mit tiefer Stimme, die Sie am Ende des Satzes senken. Lehnen Sie sich beim Sprechen zurück und positionieren Sie sich nicht zu schmal. Beanspruchen Sie ausreichend Platz für Ihr Arbeitsmaterial.

› Vermeiden Sie jegliche Unterwerfungsrituale. Zeigen Sie sich in Gesprächen aggressiver, reden Sie mehr, setzen Sie Ihre relevanten Themen durch. Beginnen Sie Ihre Redebeiträge ohne Fragen oder Anschlusswendungen und sprechen Sie ohne Konjunktiv. Wenn Sie Ihre Entscheidungen oder Ansichten verkünden, halten Sie standhaft Augenkontakt, geben Sie auf keinen Fall Ihre Autorität auf.

› Verringern Sie Ihre Hemmschwelle, andere Menschen anzufassen. Eine Berührung ist auch Ausdruck Ihrer Macht und verleiht Ihren Worten oft Nachdruck. Legen Sie Ihre Hand auf den Arm oder die Schulter [f, Seite 96] des Kollegen. Sie werden staunen, wie sich Ihr Gegenüber dadurch verändert.

› Beanspruchen Sie ruhig Platz, anstatt sich klein und schmal zu machen. Breiten Sie Ihr Arbeitsmaterial aus – und sparen Sie dabei nicht mit Raum.

› Sie sind kein junges Mädchen, also vermeiden Sie Gesten wie Hände reiben, Arme verschränken, Nacken massieren oder mit Schmuck spielen. Damit senden Sie die falschen Botschaften und erscheinen unsicher und inkompetent.

› Freundlichkeit: Ja, jedoch in Maßen, damit sie nicht zum beruflichen Stolperstein wird. Lächeln Sie – aber nicht zu häufig. Gerade bei ernsten Themen, in Entscheidungssituationen oder bei Diskussionen sollten Sie ein Honigkuchenstrahlen vermeiden. Auch ein freundlicher Gesichtsausdruck sollte immer der Situation angemessen sein.

› Männer kommunizieren in Hierarchien. Sie achten darauf, wer länger spricht, wer wem ins Wort fällt und wer aufmerksam ist. Nutzen Sie solche Kommunikationssituationen, um sich zu profilieren.

So beweisen Sie als Mann mehr Einfühlungsvermögen

Oft ist es nur Gedankenlosigkeit. Gerade dann sind die Denkanstöße hilfreich:

› Frauen punkten hinsichtlich eines respektvollen Umgangs, besitzen ein großes Talent für Empathie, reagieren sensibel auf sich verändernde Situationen und haben kaum Schwierigkeiten, sich gefühlsmäßig rasch auf einen Gesprächspartner einzustellen. Nehmen Sie sich daran ein Beispiel.

› Jede Form des sich Zurücknehmens, ob über Haltung, Gestik oder Mimik, signalisiert einen freiwilligen Verzicht auf Konkurrenzverhalten [g]. Damit signalisieren Sie Frauen Ihre Anerkennung. Auch das kann eine geeignete Strategie im Berufsleben sein.

› Vermeiden Sie Missverständnisse in der Kommunikation mit Frauen. Wenn Sie mit

f Wer als Frau eine Hand auf die Schulter des Kollegen legt, demonstriert damit Selbstvertrauen.

verschränkten Armen und abgewandtem Gesicht einer Kollegin begegnen, wirkt das irritierend auf sie. Frauen deuten diese Signale als Abwehrhaltung, selbst wenn Sie vielleicht aufmerksam und konzentriert zuhören. Geben Sie Ihrem weiblichen Gegenüber Feedback, und zwar immer auch durch Ihre Körperhaltung.

› Bemühen Sie sich um einen aktiven Gesichtsausdruck, erwidern Sie ruhig auch mal ein Lächeln. Und schauen Sie gelassen in die Runde, statt eine einzelne Frau anzustarren.

Körpersprache – ein Ausdruck der inneren Haltung

Gedanken, Ideen, Vorstellungen, erscheinen sie momentan noch so unbedeutend, machen sich selbstständig, beeinflussen das Unterbewusstsein und beginnen, sich in die Tat umzusetzen. Dieser Automatismus lässt sich nicht steuern, ob wir das wollen oder nicht. Mit anderen Worten: Ihre Körpersprache ist immer auch Ausdruck Ihrer inneren Haltung. Das sollten Sie stets im Kopf haben. Im Talmud ist das wunderbar wie folgt beschrieben:

Achte auf deine Gedanken,
denn sie werden zu Worten.
Achte auf deine Worte,
denn sie werden zu Handlungen.
Achte auf deine Handlungen,
denn sie werden zu Gewohnheiten.
Achte auf deine Gewohnheiten,
denn sie werden dein Charakter.
Achte auf deinen Charakter,
denn er wird dein Schicksal.

g Moderate Gestik und Mimik bedeuten den Verzicht auf männliches Konkurrenzverhalten.

Special: Kleider machen Leute

Der erste Eindruck zählt – und der zweite ist mindestens ebenso wichtig! Ihr beruflicher Erfolg definiert sich nicht nur über jene Fähigkeiten, die Sie tatsächlich besitzen, sondern auch über jene, die andere Ihnen zuschreiben. Das bedeutet: Betreiben Sie aktiv und nachhaltig Selbstmarketing. Sie sind gut? Dann zeigen Sie das auch, sowohl durch Ihre Körpersprache als auch durch Ihr äußeres Erscheinungsbild. Natürlich beeinflusst Ihre Kleidung immer Ihre Wirkung auf andere. Im Geschäftsleben hat das Outfit jedoch noch eine viel wichtigere Rolle. Hier laufen zwischenmenschliche Begegnungen sehr viel oberflächlicher ab. Es besteht kaum Zeit, den Menschen »dahinter« kennenzulernen. Ihr Auftreten und damit auch Ihr Outfit muss also auf den ersten Blick das vermitteln, was Sie darstellen wollen. Um Ihre Persönlichkeit und Individualität zu unterstreichen, müssen Sie sich in Ihrer Kleidung natürlich wohlfühlen. Das ist am ehesten der Fall, wenn Sie authentisch bleiben. Wer die harte Business-Lady oder den coolen Draufgänger mimt, obwohl sie/er in Wirklichkeit eher zurückhaltend und introvertiert ist, wirkt schnell unglaubwürdig.

Business-Dresscode für Frauen

Das äußere Erscheinungsbild ist ein wesentlicher, wenn auch indirekter Bestandteil der Körpersprache. Bei Frauen zählen Schmuck und Make-up ebenso zur Ausdrucksform wie die Kleidung selbst. Das Make-up sollte gepflegt, alltagstauglich, typgerecht und dezent sein. Schmuck darf dekorativ, aber nicht aufdringlich wirken.

Halten Sie sich an einen klaren Business-Codex. Tragen Sie Kleidung, die Ihrem Status im Unternehmen angemessen ist und

a Ein Kostüm mit Bluse, geschlossene Schuhe mit kleinen Absätzen und ein dezentes Make-up sind das perfekte Business-Outfit.

ein stilsicheres Maß an Qualität und Funktionalität zeigt [a]. Absolute No-Gos sind zu kurze Miniröcke, tiefe Dekolletés, durchsichtige oder extrem figurbetonte Oberteile, Tops mit Spaghettiträgern. Und für Karrierefrauen gilt auch bei 30 Grad im Schatten: Schultern bedeckt, Beine bestrumpft. Denken Sie daran: Sie wollen im Betrieb nicht als wandelnder Kleiderständer ohne Kompetenzpotenzial wahrgenommen werden. Überlegen Sie, welche Signale Sie über Ihre Kleidung und Ihr Auftreten aussenden, welche Botschaften Sie vermitteln wollen, und ob diese Botschaften auch jederzeit richtig verstanden werden. Passen Sie Ihre Kleidung der jeweiligen Situation an, um zu zeigen, dass Sie sich deren Wichtigkeit bewusst sind. Damit demonstrieren Sie Respekt dem Gesprächspartner gegenüber.

Business-Dresscode für Männer

Die Wahl der Kleidung beeinflusst auch die Körpersprache von Männern, wenngleich subtiler. Ein Mann im Business-Outfit – also mit Anzug, Hemd, Krawatte und elegantem Schuhwerk [b] – verhält sich automatisch seriöser und achtet stärker auf sein Benehmen. Gerade in höheren Führungsebenen wird großer Wert auf den Einklang von Auftreten, Aussage, Kleidung und Körpersprache gelegt. Schon wenn ein Bestandteil nicht passt, wird das vom Umfeld negativ registriert. Dass Hawaiihemd, Jogginghose und Basecap ein anderes Verhalten hervorrufen, liegt auf der Hand. In den wenigsten Fällen gehören sie zum Berufsalltag. Teure Uhren und auffällige Manschettenknöpfe sind Statussymbole, die Markendenken, aber auch Macht und Kompetenz vermitteln.

b   Anzug mit Hemd und farblich passende Krawatte wirken seriös und sind das allzeit richtige Business-Outfit.

Körpersprache im Networking

Networking – heutzutage in allen Alltagsbereichen ein geflügeltes Wort – gewinnt im Geschäftsleben eine immer größere Bedeutung. Wer Kontakte knüpft und pflegt, wer sich in seiner Branche und auch darüber hinaus vernetzt, wer direkten Zugang zu Ansprechpartnern hat und über kurze Wege kommunizieren kann, ist klar im Vorteil. Auf Tagungen und bei Kongressen ist es längst fester Bestandteil im Programm: das sogenannte »Come together« bei Wein und Schnittchen. Dabei funktioniert dieses Prinzip keineswegs nach dem Motto »erst die Arbeit, dann das Vergnügen«. Wenn Sie meinen, Networking wäre der leichtere Teil, täuschen Sie sich. Auch Smalltalk & Co. will gekonnt sein und ist für beruflichen Erfolg mindestens ebenso ausschlaggebend wie ein fachbezogenes Meeting – wenn nicht sogar wichtiger. Doch was genau ist Networking?

Ganz allgemein versteht man darunter den Aufbau und die Aufrechterhaltung von persönlichen und beruflichen Kontakten. Dazu gehören sowohl alltägliche Kontakte – beispielsweise zu Kollegen – als auch spezielle Verbindungen zu Personen mit den gleichen Interessen oder aus dem näheren wie auch weiteren beruflichen Umfeld. Berufliche Netzwerke werden als zielorientiertes Networking bezeichnet. Schließlich geht es darum, durch das Kennenlernen und die Beziehungspflege beruflich voneinander zu profitieren. Doch auch zunächst private Kontakte können sich irgendwann im Geschäftsleben als nützlich erweisen und sollten daher konstant gepflegt werden.

So bauen Sie Ihr Netzwerk auf

Die eigene Körpersprache ist beim Networking ein wesentlicher Erfolgsfaktor. Denn gerade bei eher oberflächlichen Beziehungen, die in der Regel den Großteil eines persönlichen Netzwerks ausmachen, kommt es auf das Zusammenspiel zwischen Körpersprache und gesprochenem Wort an. Beherrschen Sie die Kunst, die eigene Körpersprache gezielt einzusetzen und die Körpersprache Ihrer Partner richtig zu interpretieren, wird Ihre Kontaktpflege nach Ihrem Wunsch verlaufen, denn Sie können zielführend agieren und reagieren. Andersherum können sich hervorragende Rhetoriker durch ungeschickte Körpersprache eine Konversation und in der Folge einen tragfähigen und nachhaltigen Kontakt vermasseln. Entscheidend für Ihre Wirkung ist schließlich die Kongruenz, also die Übereinstimmung von verbaler und nonverbaler Kommunikation. Als Netzwerker sind Sie auf eine optimale Wirkung angewiesen, weil nicht jede Kontaktperson die Möglichkeit und Zeit hat, Sie über einen längeren Zeitraum hinweg gründlich kennenzulernen. Jede Chance, Ihr Netzwerk zu erweitern, müssen Sie also effizient nutzen und deshalb direkt überzeugen [a]. Idealerweise gleich ab der ersten Sekunde.

Der erste Schritt ist der schwierigste

Jedes Networking fängt klein an – mit einer Person oder einem Unternehmen. Von hier weiten sich die Kontakte nach dem Schneeballsystem aus: Jede neue Person in einem Netzwerk bringt wiederum eigene Kontakte (Familie, Freunde, Kollegen) und Netzwerkbausteine (Institutionen, Firmen) mit und verknüpft damit ihr Netzwerk mit dem Ihrigen. Der Vorteil: Sie gewinnen nicht nur einen direkten Kontakt, sondern

a   Ein anregendes Gespräch ist der erste Schritt zum Netzwerk-Kontakt.

auch Kontakte zweiten oder dritten Grades dazu. Deshalb empfiehlt es sich, beim Netzwerken auf sogenannte Schlüsselfiguren zu achten, Personen, die sehr viele Kontakte um sich sammeln und fleißig an ihrem Netzwerk bauen. Durch eine solche Schlüsselfigur bekommen auch Sie jede Menge weiterer Kontakte – und das innerhalb einer relativ kurzen Zeitspanne.

Das erfolgreiche Spinnen des persönlichen sozialen Netzes ist zwar der erste Schritt, er reicht aber bei Weitem nicht aus, um erfolgreich Networking zu betreiben. Erfahrene Networker wissen: Kontakte aufzubauen, zu besitzen und zu erweitern, bringt ohne intensive Kontaktpflege gar nichts. Kurz gesagt: Networking lohnt sich nur dann, wenn alle Beteiligten aktiv sind.

Qualität statt Quantität

Ein Netzwerk funktioniert am besten bei einer relativ überschaubaren Anzahl an Netzwerkpartnern. Ihr bevorzugtes Ziel sollte deshalb sein, ein kleines, aber dafür dichtes Netzwerk aufzubauen. Letztendlich hängt Ihr Networking-Erfolg nämlich nicht davon ab, wie viele Kontakte Sie haben, sondern davon, wie gut diese sind und wie intensiv Sie sie nutzen.

Stellen Sie sich Ihr Netzwerk einfach vor wie einen Garten: Er braucht regelmäßig Aufmerksamkeit und Pflege, und Sie sollten jeden Bereich immer im Auge behalten können. So können Sie das Wachstum und die Ernte steuern. Auch bei Ihren Networking-Aktivitäten sollten Sie auf ein System und auf Nachhaltigkeit setzen, wenn Sie es für Beruf und Karriere einsetzen möchten. Um herauszufinden, wer in Ihr Business-Netzwerk passt, suchen Sie Schnittstellen

mit gemeinsamen Interessen oder Eigenschaften. Kontakte mit potenziellen Partnern, die sehr offensichtlich mit Ihnen auf gleicher Ebene agieren, sollten Sie intensivieren. Beginnen Sie mit dem Naheliegenden. Überlegen Sie, welche Menschen und Kreise Ihnen bereits bekannt sind und wo Sie wiederum bekannt sind. Das können beispielsweise ehemalige Schulkameraden oder Arbeitskollegen sein, aber auch Mitglieder von Vereinen, Kunden oder Geschäftspartner. Vielleicht sind spannende Netzwerkpartner darunter, die Sie als solche nur aktivieren müssen.

Damit der Start gelingt

Aller Anfang ist schwer. Gehen Sie darum Schritt für Schritt an den Aufbau Ihres Netzwerkes heran.

› Beginnen Sie mit einer Wunschliste: Was erhoffen Sie sich von einem Netzwerk, und wen hätten Sie gern als Netzwerk-Partner?

› Ihre Auswahl ist entscheidend. Mit wem wollen Sie in Verbindung gebracht werden? Denken Sie daran, dass jeder Kontakt auch auf Ihr Image abfärben kann. Wählen Sie daher sorgfältig aus, welche Personenkreise Ihnen wichtig erscheinen und welche Kontakte Sie anstreben.

› Und noch einmal: Achten Sie auf Klasse statt Masse. Es zahlt sich aus.

› Bislang wenig bekannte Netzwerke können für Sie ertragreicher sein, da sie möglicherweise eher Ihre Berufssparte, Branche oder Marktlücke bedienen. Schaffen Sie sich lieber hier eine wichtige Position, anstatt in einem prominenten Netzwerk als unbekannte Nummer unter vielen vollkommen unterzugehen.

› Klappern gehört bekanntlich zum Handwerk – erst recht beim Networking. Übernehmen Sie Aufgaben und Positionen, damit Sie immer wieder gesehen und bekannt werden. Ein Netzwerk ist da, um sich darin zu bewegen und zu präsentieren, nicht nur mitzulaufen.

› Was wollen Sie kommunizieren? Verzichten Sie auf nichtssagende Botschaften und kommunizieren Sie Informationen, mit denen andere im Netz auch etwas anfangen können.

› Neugierig sein und bleiben. In Netzwerken begegnen Sie vielen kreativen Personen und Ideen. Nutzen Sie das für Ihre eigene Motivation. Netzwerken Sie mit offenen Augen und Ohren und profitieren Sie von den vielfältigen Anregungen unterschiedlicher Persönlichkeiten. Nicht selten verbergen sich dahinter potenzielle Geschäftspartner.

› Das ganze Leben ist ein Spiel. Beim Networking sollten Sie die Spielregeln genau kennen. Achten Sie darauf, wo Austausch möglich ist und wo Sie besser zurückhaltend sein sollten. Manches Terrain kann schnell zum Glatteis werden.

Karriere dank Netzwerk

Netzwerken hat eine viel längere Geschichte als man denken mag: Was uns im Zeitalter des Internets als »Social Networking« bekannt ist, hatte bereits vor Hunderten von Jahren große Bedeutung. Schon damals bauten Geschäftsleute Netzwerke auf und aus, um berufliche oder wirtschaftliche Vorteile aus diesen Verbindungen zu ziehen. Der große Unterschied zwischen damals und heute: Gelegenheiten, um das Netzwerk zu erweitern, bieten sich mittlerweile unzählige. Angefangen von Job- und Karrieremessen mit Absolventen, Alumnitreffen mit ehemaligen Kommilitonen, bis hin zu Fortbildungsseminaren und Fachkongressen mit Branchenpartnern.

»Business ist nichts weiter als ein Knäuel menschlicher Beziehungen«, sagte ein amerikanischer Automobilmanager und liegt mit dieser simplen Beschreibung völlig richtig. Er hätte noch hinzufügen können, dass man eben jenes Knäuel idealerweise in ein Netz verwandeln sollte. Richtige Kontakte zum richtigen Zeitpunkt bringen entscheidende Karriere-Vorteile. Ein Prinzip, das hierzulande gern »Vitamin B« genannt wird, und durch das übrigens – wie zahlreiche Studien belegen – rund 40 Prozent aller Jobs vermittelt werden.

Plattformen für neue Kontakte

Interessante Kontakte zur Unterstützung des eigenen beruflichen Erfolges lassen sich in konzentrierter Form in sogenannten Service Clubs wie »Lions«, »Rotary« oder »Round Table« knüpfen. Da die Club-Mitglieder aus den unterschiedlichsten Branchen kommen, ist ein reger Austausch garantiert. Neben tagesaktuellen Themen und gemeinsamen Veranstaltungen stehen auch Weiterbildungsangebote und Bildungsreisen auf dem Programm, von denen Sie sozusagen doppelt profitieren können. Außerdem bieten sich an: Kundenveranstaltungen von Banken und Berufsverbänden, Firmeneröffnungen, Firmenevents, Kongresse und Messen, Management-Clubs, Verbände und Vereine und vieles mehr. Scheuen Sie nicht vor entsprechenden Besuchen zurück. In den

USA ist es bereits selbstverständlich, solche Plattformen für berufliche Ziele zu nutzen.

Auf dem Weg zum Profi

Um ein Netzwerk effizient nutzen zu können, sind einige Bedingungen zu erfüllen:

› Zum Networking gehört auch, möglichst viele Ihrer Kontakte untereinander zusammenzubringen. Sehen Sie sich in der Rolle der Verbindungsperson, werden Sie zum Zentrum Ihres Netzwerkes, bei dem die Fäden zusammenlaufen.

› Offenheit und Direktheit sind im Netzwerk unverzichtbar. Fragen Sie Ihre Kontakte unverblümt nach neuen Ansprechpartnern und interessanten Personen.

› Seien umgekehrt auch Sie aktiv in der Vermittlung von Neukontakten. Überlegen Sie, wer zusammenfinden sollte und welche Mitglieder des Netzwerkes zu anderen passen könnten.

› Agieren Sie nicht in erster Linie aus Ihren Geschäftsabsichten heraus. Dass Sie Waren oder Dienstleistungen lukrativ absetzen wollen, versteht sich von selbst. Wenn Ihre Netzwerke gut sind, verkaufen sich Ihre Angebote bald wie von selbst.

› Das Netzwerk ähnelt einem landwirtschaftlichen Betrieb: Es verlangt ganzjährigen Einsatz und braucht seine Zeit, bis es Früchte trägt, die Sie ernten können – im besten Fall dann sogar mehrmals.

› Networking hat nichts mit einer Jagd zu tun. Hetzen Sie Kontakten nicht hinterher, um möglichst schnell möglichst viel Beute zu machen.

› Lassen Sie Ihre Kontakte weder hängen noch warten. Wenn Sie versprochen haben, etwas zu recherchieren, zu mailen oder zu schicken, tun Sie das auch, und zwar schnell. Wenn Sie eine Anfrage bekommen, beantworten Sie diese rasch. Versuchen Sie mit den Mitgliedern Ihres Netzwerkes bei jeder sich bietenden Gelegenheit in Kontakt zu kommen. Das kann ein aktueller oder auch ein firmenspezifischer Aufhänger wie ein Jubiläum sein.

› Greifen Sie auf ein computergestütztes professionelles Kontaktmanagement zurück. So können Sie Ihre Kontakte übersichtlich verwalten und optimal nutzen.

› Höflichkeit steht beim Networking an oberster Stelle. Begegnen Sie all Ihren Kontakten grundsätzlich freundlich und offen. Insbesondere in der Face-to-Face-Kommunikation merkt Ihr Gegenüber schnell, ob das Networking für Sie Pflicht oder Kür ist. Und Sie wollen ja gewinnen.

Der Networking-Knigge

Tagtäglich treffen wir zahlreiche Menschen im privaten wie beruflichen Umfeld zum ersten Mal, und sie alle sind potenzielle

Netzwerk – privat und beruflich zugleich

Es wird oft die Frage gestellt, ob private Kontakte eigentlich auch beruflich genutzt werden dürfen. Die Antwort lautet: Unbedingt! Denn Netzwerke leben ja davon, dass sich aus privaten Beziehungen erfolgreiche Geschäftsverbindungen ergeben oder dass sich umgekehrt aus beruflichen Kontakten wahre Freundschaften entwickeln. Wer sich auf privater Ebene sympathisch ist und vertraut, wickelt deutlich unkomplizierter geschäftliche Projekte ab.

neue Netzwerkpartner. Dementsprechend wichtig ist der Eindruck, den wir bei der ersten Kontaktaufnahme hinterlassen, und die Art und Weise, wie wir auf andere wirken. Ein gelungener Erstkontakt hängt schließlich nicht nur von rhetorischen Talenten, sondern auch von Takt, Stil und Benehmen ab – ganz gleich, aus welchem Kulturkreis jemand kommt. Bestimmte Spielregeln sollten beim Networking daher eingehalten werden:

› Unaufmerksamkeit ist beim Netzwerken ein absolutes No-Go. Spricht jemand mit Ihnen und Sie schauen währenddessen in eine andere Richtung, zeugt das von schlechtem Stil. Zeigen Sie immer Interesse an Ihrem Gegenüber. Aufmerksamkeit ist das größte Kompliment.

› Ein schlaffer Händedruck ist eine schlechte Visitenkarte. Sie lässt Sie unsicher und desinteressiert erscheinen. Seien Sie von sich selbst überzeugt und zeigen Sie das auch mit einem festen Handschlag, der Selbstvertrauen, Herzlichkeit, Offenheit und Aufrichtigkeit ausdrückt. Vermeiden Sie aber einen zu festen Händedruck, um nicht dominant und unsensibel zu wirken.

› Rauchen ist in den meisten öffentlichen Gebäuden inzwischen verboten. Halten Sie sich daran, auch wenn Ihnen aus Höflichkeit eine Zigarette erlaubt werden sollte, denn bei einem Gespräch ist der blaue Dunst ein großer Störfaktor. Wenn überhaupt, ziehen Sie sich in dafür vorgesehene Raucherbereiche zurück. Achten Sie auch dort auf Ihr gutes Benehmen, indem Sie beispielsweise Asche nicht auf den Boden fallen lassen. Selbstverständlich, oder?

› Ein Gläschen in Ehren … Auch hier kommt es wortwörtlich auf die Haltung an.

Wein-, Sekt- oder Cocktailgläser am Kelch zu halten, ist stillos. Wenn ein Glas einen Stiel hat, dann fassen Sie es auch daran an. Gläser ohne Stiel werden in der linken Hand gehalten, damit Sie beim Händeschütteln keine klebrige oder kalte Hand reichen müssen.

› Tragen Sie ein Jackett? Im Stehen sollten Sie es stets geschlossen haben und erst ablegen, wenn der Gastgeber mit gutem Beispiel vorangegangen ist.

› Ein bisschen Spaß muss sein, doch achten Sie dabei auf Ihren Alkoholpegel. Ein paar Gläser zu viel – und auch Ihre Hemmschwellen sinken. Was Sie dann sagen und tun, könnten Sie später bereuen, und es könnte Ihren Networking-Ambitionen schaden. Ruinieren Sie nicht Ihren guten Ruf, kontrollieren Sie Ihren Alkoholkonsum und haben Sie trotzdem Spaß, ohne dabei Kopf und Gesicht zu verlieren.

› Abstand zählt. In einer Gesprächssituation ist oberstes Gebot, die Distanzzone zum Partner zu wahren (etwa 50 Zentimeter oder eine Armlänge). Wer sie missachtet, gilt als aufdringlich und unsensibel.

› Wohin mit den Händen? Während Männer dazu neigen, sie in den Hosentaschen zu vergraben, halten Frauen ihre Handtasche fest [b, Seite 106], manchmal auch zu sehr. Lässig wirkt beides nicht, sondern eher unprofessionell und unsicher. Schränken Sie sich nicht in Ihrer Bewegungsfreiheit ein. Hände sind enorm wichtig für die Wirkung. Wenn Sie sie gerade nicht einsetzen (mit der Innenfläche nach oben!), können sie locker seitlich hängen [c, Seite 106]. Das ist in jedem Fall richtig.

› Vorsicht mit Berührungen. Das Handreichen bei der Begrüßung und der Verabschiedung sollte der einzige direkte Körperkontakt sein. Jedes Anfassen, egal ob an der Schulter, am Arm oder gar an der Hüfte ist beim Netzwerken unangebracht. Eine solche Geste, wenn auch freundschaftlich gemeint, wirkt schnell anzüglich.

› Verschränkte Arme vor dem Körper scheiden die Geister. Wirkt das nun souverän oder doch eher abweisend? Beides ist möglich, aber in einer aktiven Gesprächssituation sollten Sie auf diese Armhaltung verzichten, auch wenn sie bequem ist.

› Haben schon alle mitbekommen, dass Sie anwesend sind? Ihre laute Sprache und Ihr aufdringlicher Tonfall ziehen zwar alle Blicke auf sich, aber es sind keine positiven Reaktionen. Sie werden eher als anmaßend und aufgeblasen eingestuft. Wählen Sie Ihre Lautstärke und Ihr Stimmvolumen der Situation angemessen. Bleiben Sie ruhig und gelassen, auch mit der Stimme.

› Sie haben viel zu sagen? Sie wollen schnellstens antworten? Lassen Sie Ihren Gesprächspartner trotzdem in Ruhe ausreden, fallen Sie niemals ins Wort. Gutes Zuhören ist der Schlüssel zu einer gelungenen Kommunikation. Im Gegenzug zu Ihrem höflichen Verhalten wird man auch Sie ausreden und Ihnen die gewünschte Aufmerksamkeit zukommen lassen.

b Wenn Sie sich an der Handtasche festklammern, wirken Sie weder entspannt noch professionell.

c Wenn die Arme seitlich locker hängen, können sie schnell für eine Geste eingesetzt werden.

Sicher auf unbekanntem Parkett

Ein offenes Lächeln, eine gewinnende Geste, sehr viel mehr an Körpersprache braucht es gar nicht, um andere beim Smalltalk in Ihren Bann zu ziehen. Oder anders gesagt: Je entspannter Sie sich nonverbal artikulieren, desto entspannter wird auch das Gespräch verlaufen – für beide Seiten. Sind Sie an einem Kontakt interessiert und möchten die typische Smalltalk-Situation nutzen, wird Ihre Körpersprache das auch signalisieren. Setzen Sie sie ein, um in der knapp bemessenen Zeit Sympathiepunkte zu sammeln und Ihr Gegenüber davon zu überzeugen, dass sich eine Vertiefung des Kontakts lohnt und auch sein Netzwerk erweitert.

Beweisen Sie Ihr Smalltalk-Talent

»Menschen reden oft über ihren Körper, aber noch häufiger redet der Körper über sie.« So beschrieb es einmal ein Schriftsteller und hatte damit vollkommen recht. Doch richtiges Kommunizieren will gelernt sein – sowohl verbal als auch nonverbal. Um in der Geschäftswelt die richtigen Kontakte zu knüpfen, ist vor allem eine Kommunikationsform gefragt: perfekter Smalltalk. Wer ihn beherrscht und sich von seiner besten Seite zeigt, wird vom ersten Moment an Sympathiepunkte sammeln. Er kann seine guten Manieren unter Beweis stellen, deutliches Interesse am Gesprächspartner signalisieren und eine Kostprobe seines Wissens geben. All das sind ideale Türöffner für einen Netzwerk-Kontakt, der sich möglicherweise zur fruchtbaren Geschäftsverbindung ausweiten kann.

Klingt wunderbar, aber leider ist es nicht jedermanns Sache, auf fremde Menschen zuzugehen und ein Gespräch zu beginnen. Worüber soll man schließlich reden, wenn man sich nicht kennt und auch die Situation keinen konkreten Gesprächsstoff bietet? Sich zu viele Gedanken über einen stilsicheren Gesprächsauftakt zu machen, ist nicht hilfreich, denn denken Sie zu angestrengt über das Was nach, leidet darunter das Wie. Viel wichtiger als die Inhalte solcher kurzen Gespräche ist die Art und Weise, wie Sie sich dabei verhalten und wie Sie bei Ihrem Gegenüber ankommen. Die Themen sind letztlich zweitrangig und dürfen daher ruhig banal sein. Vorab: Für Smalltalk gilt allgemein auch alles, was Sie bereits im Absatz »Der Networking-Knigge« (Seite 104) gelesen haben.

Einstieg leicht gemacht

Laut Oxford Dictionary handelt es sich beim Smalltalk um eine unverbindliche soziale Konversation. Sprachpsychologen zufolge hat ein solches »Schwätzchen« zwei Funktionen: Zum einen stellt es eine soziale Verbindung zwischen den Gesprächspartnern her, zum anderen vermeidet es ein als peinlich empfundenes Schweigen. Um auch als ungeübter Smalltalker in karriererelevanten Situationen zu punkten, müssen Sie nicht gleich einen Rhetorikkurs belegen oder ohnehin ein brillanter Redner sein. Am besten halten Sie sich an die beiden einfachen, aber wirkungsvollen Smalltalk-

Grundregeln: Überwinden Sie Ihre anfängliche Sprachlosigkeit und versuchen Sie, bei Ihrem Gesprächspartner Sympathie zu erzeugen. Wenn Ihnen beides gelingt, haben Sie schon fast gewonnen. Hilfreich sind außerdem folgende Tipps:

› Das Allerwichtigste: Bleiben Sie immer natürlich. Jonglieren Sie nicht pausenlos mit Fachbegriffen, um Ihr Gegenüber zu beeindrucken. Stellen Sie Ihr Licht aber auch nicht unter den berühmten Scheffel, indem Sie Understatement betreiben.

› Kommen Sie mit unverfänglichen Themen ins Gespräch, ruhig auch über das Wetter. Eindrucksvoller sind jedoch Konversationen über Reisen, kulturelle Ereignisse oder aktuelle Veranstaltungen.

› Bewahren Sie Leichtigkeit, sowohl bei der Wahl Ihrer Themen als auch bei Ihrem Auftreten. Bringen Sie nichts aufs Tapet, das Ihnen eine allzu deutliche Stellungnahme abverlangt.

› Stellen Sie Fragen, die sich auf Ihr Gegenüber beziehen. Damit brechen Sie grundsätzlich am schnellsten das Eis. Auch ein Kompliment kann als Sachfrage verpackt sein: »Wo haben Sie denn diesen eleganten Mantel gefunden?«

› Achten Sie auf Ihre Wortwahl. Sie haben nur eine kurze Zeit zur Verfügung, um ein gutes Bild von sich abzugeben. Dazu gehört eine eloquente Sprache.

› Nutzen Sie kleine Hilfsmittel zur Wahrung der angemessenen Distanz – beispielsweise einen Stehtisch. Er dient als natürliche Grenze zum Gegenüber und ist für Smalltalk-Einsteiger ideal. Aber krallen Sie sich nicht an der Tischkante fest.

› Allen Anwesenden ist klar: Bei einem Business-Networking-Event stehen beruf-liche Gründe im Zentrum. Dennoch sollten Sie nicht mit der Tür ins Haus fallen. Stellen Sie Business-Fragen und Kommentare rund um die Firma weit hinten an und versuchen Sie beim Smalltalk zunächst eine persönlichere Beziehung zu Ihren Gesprächspartnern aufzubauen.

› Da es beim klassischen Smalltalk weder um tiefgründige, philosophische Gespräche noch um nachhaltige Diskussionen geht, sollten Sie keine zu hohen Maßstäbe ansetzen. Glauben Sie einfach an die Kraft der leichten Unterhaltung. Und setzen Sie sich keinem Druck aus.

Smalltalk ohne Worte

Sie haben nicht unbedingt ein Problem damit, andere Leute in ein lockeres Gespräch zu verstricken und machen sich nicht unnötig viele Gedanken über das Thema? Dann sind Sie in der idealen Ausgangslage, sich voll und ganz auf Ihre nonverbalen Smalltalk-Qualitäten zu konzentrieren. Wenn Sie zusätzlich zum Networking-Knigge (Seite 104) auch noch die nachstehenden Punkte beachten, können Sie nur gewinnen:

› Zeigen Sie Interesse an Ihrem Gegenüber nicht nur durch Ihre Fragen, sondern auch durch die entsprechende Haltung, Gestik und Mimik. Ein aktiver Blickkontakt ist das A und O.

› Halten Sie immer die persönliche Distanzzone ein.

› Berührungen haben beim Smalltalk – wie beim Networking allgemein, Seite 105 – nichts verloren. Schließlich haben wir es in solchen Situationen in der Regel mit Menschen zu tun, die uns noch unbekannt sind. Selbst kleine Berührungen, beispielsweise am Arm oder an der Schulter, wirken eher aufdringlich als sympathisch. Sehr vorsichtig sollten Männer in dieser Hinsicht gegenüber Frauen sein.

› Selbst wenn Sie nicht nervös sind, können bestimmte nonverbale Signale diesen Eindruck erwecken: An den Haaren zwirbeln, mit dem Schmuck oder den Händen spielen oder an der Kleidung zupfen, sollten Sie daher ebenso vermeiden wie »Kunststückchen« mit dem Glas oder einem Kugelschreiber. Unruhe und Nervosität wirken schnell unprofessionell.

› Was bei einer Präsentation oder am Rednerpult positiv wirken mag, hat beim Smalltalk nichts verloren: Großzügige und weit ausladende Handbewegungen, die Raum verlangen oder impulsive Gesten sind irritierend und schrecken andere Gesprächsteilnehmer eher ab.

› Die Macht des Lächelns! Sie wollen das Geheimnis einer sympathischen Ausstrahlung wissen? Ganz einfach: Lächeln Sie! Studien haben ergeben, dass lächelnde Menschen intelligenter wirken. Aber lächeln Sie wirklich und aus einem ehrlichen Bedürfnis heraus. Ihr ganzes Gesicht muss lachen. Hochgezogene Wangen, kleine Fältchen um die Augen und gesenkte Augenbrauen: Daran ist ein echtes Lächeln zu erkennen, das automatisch einen freundlichen und offenen Blick erzeugt, mit dem Sie Interesse an Ihrem Gegenüber signalisieren und einen vertrauenswürdigen und selbstsicheren Eindruck erwecken. Wenn Ihnen allerdings einmal nicht nach einem Lächeln zumute ist, dann lassen Sie es. Auch das ist authentisch.

› Stehen Sie möglichst locker und trotzdem aufrecht, nicht in der militärischen Brust-raus-Bauch-rein-Haltung wie ein preußischer General. Aber auch nicht wie der berühmte nasse Waschlappen. Geben Sie sich entspannt, aber verlieren Sie Ihre Körperspannung nicht. Das Gleiche gilt für Smalltalk im Sitzen. Kleben Sie nicht mit dem Rücken an der Stuhllehne, aber lümmeln Sie auch nicht zwischen den Armlehnen herum.

› Mit einer optimalen Haltung vermitteln Sie eine gute Bodenhaftung und signalisieren gleichzeitig die Bereitschaft, auf andere zugehen zu wollen. Eine ideale Mischung also aus Spannung und Entspannung [a, Seite 110]. Stocksteife Personen [b, Seite 110] oder solche, die sich hängen lassen [c, Seite 110], wirken ebenso wenig souverän, konzentriert und entschlossen wie jemand, der nie stillstehen kann.

› In der Ruhe liegt die Kraft. Ein gutes Mittelmaß empfiehlt sich auch für Gestik, die Ihre Worte auf logische und passende Weise unterstreichen soll.

› Die Hände als wichtigstes Werkzeug Ihrer Körpersprache sollten auf keinen Fall in Hosen- oder Jackentaschen versteckt sein. Auch verschränkte Arme geben kein gutes Bild ab. Schließlich befinden Sie sich in einer aktiven Gesprächssituation, bei der Sie Ihre Hände brauchen. Wenn Sie unsicher sind, wohin mit ihnen: Greifen Sie zu einem Glas oder zu einer Broschüre. Bleiben Sie aber souverän und spielen Sie nicht mit Ihren Hilfsutensilien.

› Setzen Sie nur positive Gesten ein, die von unten nach oben verlaufen. Andere Handbewegungen wirken schnell abweisend, also negativ. Die Handinnenflächen zu zeigen dagegen sympathisch, weil das eine gebende Geste ist.

a

b

c

a Ihre Bereitschaft, auf jemanden zuzugehen, signalisieren Sie mit der richtigen Körperspannung.

b Stocksteif wirkt zwanghaft, verklemmt und unentschlossen, unsicher und inkompetent.

c Eine lasche Haltung lässt mangelnde Konzentration und wenig Interesse vermuten.

Eine zweite Chance für den ersten Eindruck?

Können Sie sich vorstellen, wie lang 150 Millisekunden sind? Wahrscheinlich nicht. Und noch weniger können Sie sich vermutlich vorstellen, dass dieser minimale Augenblick ausreicht, sich einen ersten Eindruck über eine fremde Person zu verschaffen. Und nicht nur das! Nach diesen 150 Millisekunden zeigt der imaginäre Daumen im Unterbewusstsein bereits nach oben oder nach unten. Wir haben sofort eine klare Tendenz, ob uns jemand sympathisch ist oder nicht. Das bedeutet nicht, dass die Urteilsfindung damit vollends abgeschlossen ist, aber die Vorzeichen sind definitiv gesetzt und beeinflussen den weiteren Verlauf des Kontakts. Worauf basiert dieses Blitzurteil? Sicher ist, dass wir eine neue Bekanntschaft auf den ersten Blick nicht bewusst in unser persönliches Sympathieraster einordnen. Umgekehrt kann niemand für den Bruchteil einer Sekunde seine Körpersprache bewusst steuern. Und doch bestimmt dieses Ersturteil die weitere Kontaktaufnahme. Was genau in diesen Millisekunden geschieht, ist eine Art Scan des künftigen Gesprächspartners. Wir registrieren, wie er steht, läuft, sitzt, wo er seine Arme hat, wie seine Beinstellung ist und seine Kopfhaltung. Und natürlich registrieren wir seine Mimik und die Kleidung. Eine Vielzahl an Einzeleindrücken also, aus denen sofort ein Gesamtbild entsteht, noch bevor ein Wort gewechselt wird. Wir haben beim Zusammentreffen mit einem uns bis dato fremden Menschen unmittelbar ein gewisses Bauchgefühl. Und umge-

kehrt spüren wir ebenso unmittelbar, ob wir ihm sympathisch sind oder nicht. So wenig, wie Sie ein solches Gefühl steuern können, lässt sich auch der allererste Eindruck nicht beeinflussen, den andere von Ihnen haben. Allerdings bleibt es nicht beim berühmten ersten Eindruck. Und doch können Sie etwas Entscheidendes tun: Bleiben Sie natürlich und authentisch. Versuchen Sie nicht, eine Rolle zu spielen. Dann stehen Ihre Chancen in den ersten 150 Millisekunden am höchsten, sympathisch zu wirken. Danach wird es allerdings etwas komplexer, denn Ihr Spielraum vergrößert sich. Konnten Sie jedoch von Anfang an punkten, wird es umso leichter, in Kontakt zu kommen und eine intensivere Beziehung herzustellen. Wenn nicht, gilt es, den zweiten oder gar dritten Eindruck zu nutzen.

Niemals sprachlos!

Bewahren Sie niemals Stillschweigen, wenn Sie überraschend einem Vorgesetzten, Kollegen oder Geschäftspartner begegnen. Eine »stumme Konversation« lässt Sie immer unsicher erscheinen. Schon ein paar Worte genügen, um Ihre Gesprächs- und Kontaktbereitschaft zu demonstrieren und Ihnen Sympathiewerte einzubringen. Zum Beispiel könnten Sie Ihr ehrliches Erstaunen über die unerwartete Begegnung charmant verpackt thematisieren. Je besser Sie sich in der Disziplin des Business-Smalltalks schlagen, desto besser ist Ihre Basis für erfolgreiche Netzwerk-Kontakte.

Wichtige Minuten

Ob die Wellenlänge mit einer neuen Bekanntschaft stimmt und ob es sich um einen potenziellen neuen Netzwerk-Partner handelt, steht nach einigen Minuten ziemlich fest, und zwar für beide. Eine Entscheidung, die in mehreren Schritten passiert: Zuerst erfolgt die Einordnung in Kriterien wie männlich oder weiblich, bekannt oder unbekannt, alt oder jung, und so fort. Nach etwa einer halben Minute steht die erste grobe Bewertung fest. Entscheidend sind hierfür vor allem wiederum das äußere Erscheinungsbild, die Körpersprache und auch die Stimme. Zu diesem Zeitpunkt wissen wir meist – wenn auch unbewusst – schon relativ genau, ob wir Interesse haben, unser Gegenüber näher kennenzulernen. Nach vier bis fünf Minuten ist unser endgültiges Urteil in der Regel gefällt. Und egal, ob wir in dieser Zeit bereits Smalltalk betreiben oder jemanden aus der Ferne beobachten – es sind immer dieselben Faktoren, die für das Urteil verantwortlich sind: Wirkt und verhält sich der Mensch authentisch oder gekünstelt, locker oder verkrampft, extrovertiert oder schüchtern, aufgeregt und unsicher oder selbstbewusst.

Übung macht den Smalltalk-Meister

Selbst wenn Sie alle Vorschläge beherzigen, ist es völlig normal, wenn ein Smalltalk nicht auf Anhieb klappt. Doch je öfter Sie üben, desto besser wird er gelingen. Und Gelegenheiten zum Üben gibt es unzählige. Nutzen Sie alltägliche Situationen, bei denen beruflich nichts auf dem Spiel steht, für einen Plausch: an der Bushaltestelle, in der Warteschlange im Supermarkt oder im Aufzug. Schneiden Sie Themen an, zu denen jeder etwas zu sagen weiß: Sport, ein neuer Film, ein aktuelles Ereignis von allgemeinem Interesse. Tabu-Themen sind Sex, Politik und Ihre Krankheitsgeschichten.

Vielleicht gehören Sie aber auch zu den wenigen Glücklichen mit einem angeborenen Charisma (in Kapitel »Die Körpersprache für Führungskräfte«, Seite 181), das Sie ohnehin unwiderstehlich macht. Wenn nicht, lernen Sie, Ihre persönliche Körpersprache optimal einzusetzen, um den besten Eindruck als möglicher Netzwerk-Partner zu hinterlassen.

Der Smalltalk-Knigge

Mittlerweile gehört das Talent zur ungezwungenen Konversation zu den bedeutendsten Soft Skills im Geschäftsleben. Wer es richtig anstellt, verschafft sich eine Menge Vorteile beim Ausbau seines Karriere-Netzwerks. Vorausgesetzt, es wird das richtige Thema zum richtigen Anlass gewählt. Ein Jubiläum bietet andere Themenfelder als ein Fachkongress. Bei einer privaten Geburtstagsfeier läuft Smalltalk anders als beim Unternehmerstammtisch. Jedoch gilt immer:

› Wählen Sie ein möglichst allgemeines Thema.

› Setzen Sie bei anderen kein Fachwissen voraus, damit sie mitreden können.

› Lassen Sie negative Nachrichten oder Schreckensmeldungen außen vor.

› Grenzen Sie niemanden aus, diskriminieren Sie keine Person oder Personengruppe.

› Wählen Sie ein Thema, bei dem es weniger um Meinungen geht als um einfache Sachverhalte.

Special: Social Media und Körpersprache

In der Online-Welt gilt das Credo: Das Internet vergisst nichts. Umso wichtiger ist es, genau darauf zu achten, wie Sie sich im World Wide Web visuell präsentieren und welche optischen Spuren Sie hinterlassen. Vor allem innerhalb der Social Media-Landschaft ist es unerlässlich, sich die Frage zu stellen, wie viele und welche Informationen Sie von sich preisgeben wollen und sollten.

Die Macht der Bilder

Bilder sagen mehr als tausend Worte – gerade in sozialen Netzwerken wird mittlerweile maßgeblich über das Medium des statischen und bewegten Bildes kommuniziert. Haben Sie sich schon einmal die Frage gestellt, wie Sie auf Ihren Bildern und Videos wirken? Haben Sie schon einmal bewusst auf die Sprache Ihres Körpers geachtet? Geben die Bilder, die Sie freiwillig veröffentlichen, ein authentisches Bild Ihrer Persönlichkeit ab? Präsentieren Sie sich so, wie Sie es wirklich möchten? Sind Sie sicher, dass Sie keine negativen Signale senden? Da Social Media-Plattformen zunehmend nicht nur im privaten, sondern auch im beruflichen Bereich genutzt werden, ist eine gut durchdachte Präsentation in der Online-Welt absolut erforderlich.

Von Berufs wegen im Netz

Für die eigene Karriere und das persönliche Business-Netzwerk muss man sich mittlerweile auch online präsentieren – und zwar seriös, kompetent und vertrauenswürdig. Schließlich sollen Ihre Business-Kontakte ein positives Bild von Ihnen erhalten, wenn sie online auf Sie stoßen. Gehen Sie also sparsam mit allzu intimem und privatem Bildmaterial um, etwa mit einem virtuellen Fotoalbum von Ihrem letzten Strandurlaub. Wenn Sie private Bilder dennoch mit Ihren engsten Freunden teilen möchten, empfiehlt es sich, diese mit Hilfe der technischen Möglichkeiten, die die meisten Portale bereitstellen, auch nur für diesen Kreis zugänglich zu machen. Achten Sie also bei Bildern und Videos genau darauf, dass Sie sich mit Ihrer Körpersprache als Privatperson, aber auch stellvertretend für Ihre Firma, positiv und ansprechend darstellen. Geben Sie keine firmeninternen Informationen preis, denn öffentliche Plattformen sind bekanntlich auch für die unmittelbare Konkurrenz einsehbar.

Auf dem Sprung zum neuen Job

Im Fall eines laufenden Bewerbungsverfahrens ist übrigens besondere Umsicht geboten. Fragen Sie sich: Welchen Eindruck hinterlassen die Bilder und Videos, die im Internet von mir zu finden sind? Demonstriere ich mit meiner Körperhaltung, Mimik und Gestik ein gesundes Selbstbewusstsein oder wirke ich selbstverliebt oder gar arrogant oder unsicher und wenig souverän? Stehe ich bei Gruppenbildern oftmals im Vordergrund und verdecke andere? Wirke ich freundlich oder missgelaunt? Übrigens: Bilder lassen sich austauschen! Und das Recht am eigenen Bild ist ein hohes Gut!

Internationale Körpersprache

Für Reisende ist das Land der aufgehenden Sonne im wahrsten Sinn des Wortes manchmal eine verkehrte Welt: Japaner schreiben vertikal und von rechts nach links, tragen zu einem Begräbnis Weiß, gestehen lachend eine Schande und belächeln den Tod eines Verstorbenen. Ein harmloser Kuss in der Öffentlichkeit kommt fast der Pornographie nahe, das zur Schau stellen der nackten Brust beim Stillen eines Säuglings dagegen ist ganz normal. Und da es sich nicht schickt, etwas zu verneinen, sagen Japaner zu vielem »ja«, auch wenn sie eigentlich »nein« meinen. Und das ist nur ein Beispiel für nationale Eigenheiten, die für Fremde verwirrend sind. Ganz zu schweigen davon, auf nonverbaler Ebene landestypisch und richtig zu reagieren. Die verbalen und nonverbalen Eigenheiten und Unterschiede aller Länder und Kulturen zu kennen, ist natürlich ein Ding der Unmöglichkeit und würde vermutlich ein lebenslanges Studium erfordern. Was also tun, um sich auch auf internationalem Businessparkett in Kommunikation und Körpersprache sicher zu bewegen? Ganz einfach: Machen Sie sich zum Experten nach Bedarf. Informieren Sie sich über die kulturellen Gepflogenheiten Ihrer jeweiligen Geschäftspartner. Im World Wide Web finden Sie ebenso seriöse und aufschlussreiche Berichte und Hinweise wie in guter Reiseliteratur. Damit zeigen Sie Respekt, sorgen für eine bessere Kommunikation und eine bessere Zusammenarbeit. Nicht zu vergessen: Sie erweitern auf diesem Weg auch Ihren eigenen Horizont.

Souveräner Auftritt rund um den Globus

»Bist du anders als ich, bist du mir nicht abträglich, sondern vielmehr eine Bereicherung.« Aus dieser Perspektive des französischen Schriftstellers Antoine de Saint-Exupéry sollten wir Menschen aus anderen Kulturen auch betrachten. Jede Kultur hat ihre Besonderheiten. Wenn wir bereit sind, uns anderen Gepflogenheiten, Wertvorstellungen, Gesellschaftsformen, ja sogar anderen Religionen und Traditionen zu öffnen, ist das in jedem Fall bereichernd. Jeder Kultur werden bestimmte Charakterzüge zugeschrieben – natürlich auch behaftet mit Klischees: Amerika ist das Land der unbegrenzten Möglichkeiten, Thailand das Land des Lächelns, Russland ist trinkfest, Indien ist bunt wie in den Bollywood-Filmen. Auch innerhalb Europas gibt es diese klischeehaften Rollenverteilungen: Die Deutschen stehen für Leistung, Italiener und Franzosen sind Genussmenschen, Engländer sind steif, Schweizer stehen für Präzision, Österreicher sind ein Alpenvolk und Türken Feilscher und Goldkettenträger, Holländer sind passionierte Wohnmobilisten und Spanier Temperamentsbündel. Lernen wir Menschen aus diesen Ländern kennen, merken wir schnell, dass diese klischeehaften Vorurteile nicht der Realität entsprechen, auch wenn ein Fünkchen Wahrheit darin stecken mag.

Die Zusammenarbeit mit Menschen aus verschiedenen Kulturen und Ländern ist immer eine Herausforderung. Da sie aus der heutigen Geschäftswelt nicht mehr wegzudenken ist, lohnt es sich umso mehr, sich mit diesen Herausforderungen intensiver auseinanderzusetzen.

Um die Heterogenität der internationalen Zusammenarbeit nicht nur zu »überleben«, sondern von ihr zu profitieren, sind sowohl das Wissen um die kulturell bedingten unterschiedlichen Verhaltensweisen als auch Kenntnisse über andere Arbeitsweisen hilfreich. Haben Sie als Unternehmer, Projektleiter oder Mitarbeiter also die Aufgabe, mit fremden Kulturen zusammenzuarbeiten, sollten Sie sich mit folgenden Fragen auseinandersetzen:

Monochrone oder polychrone Kultur?

Die Geschäftsführerin eines Unternehmens für Beratung und Training im internationalen Geschäftsumfeld empfiehlt, Länder in monochrone oder polychrone Kulturen einzuordnen, um sich schon vorab auf die jeweilige Arbeitskultur einstellen zu können. Neben den beiden eindeutigen Formen gibt es in Australien, Osteuropa, manchen südeuropäischen Ländern und in China Mischformen.

Monochrone Kulturen

Diese Kulturen bevorzugen eine Arbeitsweise, bei der eins nach dem anderen gemacht wird. Sie sind daher sehr detailliert und strukturiert in der Planung. Der Tagesablauf ist gut durchorganisiert. Zahlen, Daten und Fakten sorgen für eine hohe Glaubwürdigkeit, und in Gesprächen wird nicht unterbrochen. Es wird streng zwischen der Sache und der Beziehung unter den beteiligten Personen getrennt. Gesetzte Fristen werden penibel eingehalten, und es wird streng nach festgelegten Regeln agiert. Zu den Ländern mit monochronem Planungs- und Organisationsstil zählen Mittel- und Nordeuropa, angelsächsische Länder, Nordamerika und Japan.

Polychrone Kulturen

In diesen Kulturen werden viele Dinge gleichzeitig gemacht. Man fängt mit einer neuen Aufgabe an, auch wenn die alte noch nicht abgeschlossen ist. Anhänger dieser Arbeitsweise können gut improvisieren. Außerdem stehen bei geschäftlichen Dingen die Kommunikation und Beziehung mit den beteiligten Personen im Vordergrund. Dadurch ist anfangs der »Output« geringer, doch am Ende wird auch auf diese Weise ein Projekt effizient erledigt sein. Fristen werden flexibler gehandhabt, und man jongliert lockerer mit Zahlen und Fakten. Im Fokus steht der Bezug zum Menschen. Polychronen Planungs- und Organisationsstil haben insbesondere romanische und hispanische sowie arabische, lateinamerikanische und afrikanische Länder und Russland.

Emotionale oder rationale Kultur?

In emotionalen Kulturen haben gute Beziehungen zum Vorgesetzten, zu Mitarbeitern und Kollegen oberste Priorität. Dies führt sogar so weit, dass man erst dann geschäftliche Kontakte pflegen kann, wenn man seine Geschäftspartner intensiv und vor allem persönlich kennenge-

lernt hat. Kurzum: Die Arbeitsatmosphäre muss stimmen. Bevor es zum Geschäft kommt, müssen ein enger Kontakt und eine Vertrauensbasis hergestellt werden. Ausgedehnter Smalltalk (Seite 107), nette verbale und nonverbale Gesten und ein ehrliches Interesse am Geschäftspartner sind fester Bestandteil einer zukünftigen erfolgreichen Kooperation. Personen aus emotional agierenden Kulturen müssen das Gefühl haben, sehr genau zu wissen, mit wem sie es zu tun haben. Das bedeutet für Sie, dass Sie Ihre Einstellungen, Wertvorstellungen und Überzeugungen eventuell mehr als gewohnt preisgeben müssen. Denn hier gilt das Motto: »Wenn wir uns gut verstehen, dann arbeiten wir auch gut zusammen.«

In rationalen Kulturen sind die Prioritäten anders gesetzt. Hier stehen Fachkompetenz, Zahlen, Daten und Fakten im Vordergrund. Für sachorientierte Kulturen zählen persönliche Beziehungen wesentlich weniger. Stattdessen kommt es auf die Kompetenz und Leistungsfähigkeit des Geschäftspartners an. Eine klare Aufgabenverteilung und ein strukturiertes, leistungsorientiertes Vorgehen sind der Maßstab für eine gute Zusammenarbeit. Persönliche Sympathien spielen eine untergeordnete Rolle. Man kommt ohne Umschweife zur Sache und konzentriert sich auf nüchterne, objektive Aussagen und Fakten. In sachlichen Kulturen ist der Fokus auf das Erreichen der gesetzten Ziele ausgelegt. Das Motto: »Beruf ist Beruf, und Privat ist Privat.« Das schließt nicht aus, dass sich eine tiefere kollegiale Beziehung im Zuge des Arbeitsprozesses entwickeln kann.

Während eine rationale Arbeitsweise vor allem in Ländern und Kulturen der westlichen Welt anzutreffen ist, haben Kulturen des Nahen Ostens sowie romanische und hispanische Länder eine eher emotional geprägte Vorgehensweise. Was dieser Unterschied im Hinblick auf Ihre internationalen Geschäftskontakte bedeutet? Nehmen wir an, Sie reisen zu einem Geschäftspartner nach Spanien. Auf deutscher Seite dominiert die Rationalität, auf spanischer Seite die Emotionalität, die Beziehungsebene steht also zunächst im Vordergrund. Bevor man zur Sache kommt, muss eine gute Beziehung hergestellt werden. Ihr Geschäftspartner möchte in diesem Fall erst mal Sie als Person kennenlernen, wie Sie denken, leben und was Sie schätzen, beruflich und privat. Geben Sie also ruhig – auch wenn es für Sie ungewohnt ist – Auskunft über Ihre Hobbies, Ihre Familie, über Landesgepflogenheiten, Sitten und Traditionen. Länderspezifische Tabuthemen, hier zum Beispiel Unruhen in der Baskenregion, sollten allerdings immer vermieden werden.

Starkes oder schwaches Hierarchiedenken?

In jeder Kultur gibt es ein Hierarchiedenken und Personen, die mehr oder weniger Macht besitzen. Letztere sind in der Regel in der Überzahl. Ein Hierarchiedenken beeinflusst die jeweilige Gesellschaft und damit auch die Geschäftswelt. In der Praxis bedeutet das: Kulturen mit einem geringen Hierarchieanspruch streben in allen Bereichen nach Gleichberechtigung. Haben Sie es dagegen mit einer Kultur mit hohem Hierarchiedenken zu tun, müssen Sie sich stärker anpassen und vor allem mit dem richtigen Partner in Kontakt treten, um den Geschäftsprozess zu forcieren und Erfolg zu haben. Kulturräume mit ausgeprägtem hierarchischen Denken fordern Respekt und Gehorsam gegenüber dem Höhergestellten.

Um zum Beispiel in die chinesische, indische oder russische Marktwirtschaft einzutauchen, ist ein gutes Netzwerk – mit den richtigen Partnern – die beste Basis, wobei der erste Kontakt meist über einen Agenten geknüpft wird. Und auch dann erfordert es noch viel Zeit und Geduld, um zu den richtigen Personen mit dem entscheidenden Status vorzudringen.

Wie groß der Respekt vor Hierarchien in den einzelnen Ländern im Schnitt tatsächlich ist, hat ein Experte für Kulturwissenschaften untersucht und in einer Tabelle mit sogenannten Machtdistanz-Indexwerten zusammengefasst. Eine sehr gute Orientierungshilfe, die alle Länder auf einer Skala von 0 bis 100 einordnet, wobei 0 ein Zeichen von wenig Respekt vor hierarchisch Höhergestellten ist und 100 ein Zeichen von viel Respekt. Hier einige Beispiele:

› Österreich	11	› Japan	54
› Israel	13	› Frankreich	68
› Dänemark	18	› Hongkong	68
› Schweden	31	› Indien	77
› Schweiz	34	› Westafrika	77
› Deutschland	35	› Indonesien	78
› Niederlande	38	› China	80
› USA	40	› Russland	95

Zusammengefasst heißt das: Die höchsten Punktzahlen auf dem Machtdistanz-Index erreichen Russland, asiatische sowie afrikanische Länder. Die Vereinigten Staaten besetzen mit 40 Punkten auf der Skala das untere Mittelfeld. Und in Europa ist die Machtdistanz generell niedriger, wobei Frankreich mit erstaunlichen 68 Zählern eine Ausnahme bildet. Den geringsten Respekt vor hierarchisch Höhergestellten haben der Untersuchung zufolge die Österreicher mit gerade einmal 11 Punkten und Israel mit 13 Punkten.

Je intensiver Sie sich also vorab mit dem jeweiligen Businesscharakter eines internationalen Geschäftskontakts vertraut machen, desto besser. Eruieren Sie als Erstes die kulturspezifischen Besonderheiten, die es zu beachten gilt, um nicht als respektlos, ignorant, überheblich oder gar verächtlich zu erscheinen. Sind Ihnen die wichtigsten Fakten geläufig, können Sie sich auf die Feinheiten der verbalen und nonverbalen Völkerverständigung konzentrieren – und auf eine erfolgreiche Zusammenarbeit mit positiven Ergebnissen hoffen.

Hilfreich für die Zusammenarbeit mit Ländern, die einen höheren Indexwert haben als das eigene Land:

› Machen Sie Ihren Rang deutlich.

› Treten Sie vor allem in Kontakt mit dem »Entscheider«.

› Haben Sie Geduld.

› Geben Sie klare, strukturierte Anweisungen.

› Agieren Sie mit Respekt und halten Sie Distanz.

› Den nötigen Respekt zeigen Sie durch Ihre Sprache und Ihr Verhalten.

› Stellen Sie sich auf mehr Bürokratie beim Organisieren und die Teilnahme von Mitarbeitern von Regierungsbehörden ein.

› Protokolle sind meist wichtig.

Hilfreich für die Zusammenarbeit mit Ländern, die einen niedrigeren Indexwert haben als das eigene Land:

› Gleichbehandlung aller Gesprächsteilnehmer, unabhängig von Rang und Position, steht im Vordergrund.

› Die zwischenmenschliche Beziehung ist vorrangig. In erster Linie möchte man Sie als Person kennenlernen.

› Formalitäten, Protokolle, Bürokratie oder Etikette sind untergeordnet.

› Ein kooperativer Führungsstil ist von Vorteil.

› Beurteilen Sie Menschen nicht aufgrund von Statussymbolen, Aussehen, Privilegien.

› Beziehen Sie andere Menschen in Ihre Entscheidungen mit ein.

Begrüßung: die erste Herausforderung

Was bei jedem Businesskontakt ein wichtiger Aspekt ist, stellt bei internationalen Beziehungen eine besondere Herausforderung dar: die Begrüßung. Gerade Begrüßungen unterliegen sehr stark nationalen Riten und können durchaus ungewöhnlich und sehr spannend ausfallen. In vielen internationalen Meetings wird beim ersten Aufeinandertreffen die Hand zum Gruß ausgestreckt. Schon das birgt Konfliktpotential. Schließlich kann die richtige beziehungsweise falsche Begrüßung für den weiteren Verlauf einer grenzüberschreitenden Kontaktaufnahme von entscheidender Bedeutung sein. Während der klassische Handschlag (Seite 42) im westlichen Kulturkreis als gängiges Willkommensritual gilt, erfolgt in den einzelnen asiatischen Ländern die Begrüßung unterschiedlich.

› Wer in Thailand eingeladen wird, sollte keinesfalls auf die Türschwelle treten, weil dort die Schutzgeister ruhen. Und auch keinen Blumenstrauß mitbringen, das brächte Unglück, und die Gastgeberin müsste sofort das Böse hinauskehren.

› Einem Inder sollten Sie beim Handschlag die Hand nur leicht drücken. Als Mann sollten Sie auf die Initiative der Inderin warten. Die Begrüßung per Handschlag gehört zum Körperkontakt und ist zwischen Frauen und Männern nicht überall auf dieser Welt üblich. In den hinduistischen Landesteilen zeigen Sie mit einer leichten Verbeugung mit dem Grußwort »Namaste« Respekt vor der Kultur Ihrer Geschäftspartner. Die Namaste-Begrüßung ist die häufigste hinduistische Grußform. Dabei werden die Hände vor der Brust mit den Innenflächen aneinandergelegt, sodass die Fingerspitzen nach oben zeigen [a, Seite 120]. Bei der Aussprache des Wortes Namaste, das aus dem Sanskrit stammt und wörtlich »Verehrung dir« bedeutet, wird der Kopf leicht nach vorne gebeugt. Diese Begrüßung hat eine große symbolische Bedeutung: Die beiden Hände sollen die positiven und negativen Kräfte darstellen, ähnlich dem Yin und Yang. Beim Zusammenlegen der Hände hebt sich diese Dualität auf, was eine gewisse Ausgeglichenheit verdeutlicht. Inder legen hohen Wert auf Titel und Höflichkeitsfloskeln. Schauen Sie sich die Visitenkarten genau an.

› Bei Japanern steht die Verbeugung im Vordergrund. Zwar setzen sie manchmal auch den Arm zur Begrüßung ein, doch dieser ist stark ausgestreckt, um die Distanz zu wahren. Eine Verbeugung erfolgt mit einem geraden Rücken, wobei Männer ihre Arme an der Seite halten und Frauen die Arme auf die Oberschenkel legen [b, Seite 121]. Die Verbeugung ist abhängig von Rang, Alter und Geschlecht. Wer in der Hierarchie niedriger ist, sollte sich tiefer verbeugen und sich erst nach dem Ranghöheren aufrichten. Im Privaten stehen Ältere über Jüngeren, Gäste über Gastgebern, Männer über Frauen. Im geschäftlichen Bereich spielt der Rang eine entscheidende Rolle. Der Chef steht natürlich über seinen Mitarbeitern und der Kunde über dem Verkäufer.

a Für die indische Namaste-Begrüßung legen Sie die Hände vor der Brust aneinander, die Fingerspitzen zeigen nach oben.

b   Bei der japanischen Begrüßung verbeugen Sie sich mit geradem Rücken, die Hände liegen auf den Oberschenkeln.

Bei Personen mit einem sehr hohen Rang ist eine tiefe Verneigung angebracht. Beim Überreichen der Visitenkarte verwenden Sie beide Hände sowohl zum Geben als auch zum Nehmen, und schauen Sie sich auch diese Visitenkarte sehr genau an.

› In Russland ist ein langer Händedruck üblich, der nach dem zweiten Treffen möglicherweise schon mit einem Schulterklopfen intensiviert wird. Aber vergessen Sie den berühmten »sozialistischen Bruderkuss«. Dieser ist nicht mehr üblich. Russen, die sich sehr gut verstehen, empfinden jedoch eine innige und intensive Umarmung als angemessen.

› Im mittleren Osten begrüßt man Geschäftspartner mit einem gewöhnlichen Handschlag. Mitunter wird auch nur eine Hand auf die andere gelegt. Danach erfolgt der Austausch der Visitenkarten. Sehen Sie sich die häufig sehr aufwendig gestalteten Visitenkarten an und merken Sie sich die wichtigsten Fakten.

› In Lateinamerika wird meist eine Hand auf die andere gelegt.

› Begrüßen sich Türken, die in engem Kontakt miteinander stehen, wird der Handschlag oft von einem Küsschen begleitet. Dabei werden nur die linke und rechte Wange berührt. Von Menschen aus anderen Kulturen wird dieses Begrüßungsritual nicht erwartet. Sollte Ihnen der Gastgeber allerdings die Wange entgegenhalten, reichen auch Sie Ihre linke und dann die rechte Wange, während Sie sich die Hand schütteln.

› Deutsche und Amerikaner bevorzugen einen festen Handschlag (Seite 42) als Zeichen für Selbstsicherheit. Franzosen haben einen softeren Handschlag.

Vermeiden Sie Revierkonflikte

Am allerwichtigsten ist die Distanz. Mit dem Raumverhalten des Menschen, der sogenannten Proxemik, hat sich ein US-amerikanischer Anthropologe in den 50er-Jahren des letzten Jahrhunderts beschäftigt. Sein Fazit: So wie jedes Tier sein Revier braucht, so benötigt auch jeder Mensch seine Distanzzonen und reagiert mit einem Flucht- oder Angriffsimpuls, wenn diese verletzt werden. Damit ist nun nicht ein eingegrenztes Gebiet gemeint, in dem sich der Mensch bewegt und das er nie verlässt. Vielmehr handelt es sich um verschieden große Räume, die jeden Menschen unbewusst umgeben und die er immer mit sich herumträgt. Diese Räume können entweder tatsächlich oder symbolisch erweitert oder verringert werden, je nach Sympathie. Die meisten Menschen bewegen sich in vier Distanzzonen, nach denen sie ihr Verhalten ausrichten. Die Bedeutung und die Größe der Distanz ist dabei abhängig von

› dem Geschlecht/der Rolle (Frau/Mann),

› der sozialen Schicht (Statusgleichheit, Hierarchieunterschiede, Dominanz),

› den psychischen Eigenschaften (extrovertiert/introvertiert, Denk-/Gefühlstyp),

› Rasse, Nationalität und Kultur.

Angemessene Distanz

Je nach Art ihrer sozialen Beziehung und der kulturellen Herkunft nehmen Menschen bei uns üblicherweise folgende Distanzzonen zueinander ein:

› Intimdistanz bis zu 45 Zentimeter (bei engen Freunden oder Verwandten),

› Gesprächsdistanz zwischen 45 und 80 Zentimeter (bei Freunden oder engen Mitarbeitern),

› Wahrnehmungsdistanz zwischen 60 und 120 Zentimeter (bei Mitarbeitern und Bekannten) und

› öffentliche Distanz bis zu 150 Zentimeter (bei Fernstehenden oder Fremden, abhängig von der wahrgenommenen Freundlichkeit).

Diese Angaben stellen lediglich einen Richtwert dar. Natürlich benötigen beispielsweise introvertierte Menschen eine größere Distanz zu ihrem Gesprächspartner als extrovertierte.

Distanzzonen international

Doch was bedeuten diese theoretischen Erkenntnisse für die alltägliche Praxis im Umgang mit internationalen Geschäftspartnern? Eine kleine Hilfestellung: In Amerika gilt die berühmte Armlänge als ideale Distanz zwischen zwei Personen. Alles darunter wird in Businesskreisen als unangenehm und aufdringlich empfunden. In Frankreich ist diese Zone etwas enger gesteckt, in Holland und Deutschland etwas weiter. Japaner benötigen den größten Abstand, um sich wohlzufühlen. Im mittleren Osten und in Lateinamerika wird dagegen sehr wenig Raum für sich beansprucht. Nordeuropäer benötigen mehr Raum als Südländer und Menschen aus dem mittleren Orient.

»Problematisch« könnte also eine Begegnung zwischen einem zurückhaltenden Engländer und einem temperamentvollen Puerto Ricaner werden. Eine Studie hat ergeben, dass ein Engländer seinen Gesprächspartner in 60 Minuten in der Regel nicht ein einziges Mal berührt, ein Puerto Ricaner hingegen kommt auf bis zu 180 Berührungen. Zugegeben, es handelt sich hier um eine sehr extreme Konstellation. Doch auch bei einem weniger extremen Distanzverhalten kann der unterschiedliche Raumbedarf zu Irritationen führen. So kann schon das Öffnen einer Bürotür von einem deutschen Geschäftsmann als Betreten der Intimzone empfunden werden, wenn er vorab keine verbale Erlaubnis in Form des klassischen »Herein« gab. Eine amerikanische Führungskraft fühlt sich dagegen so lange nicht gestört, wie der Eintretende im Türrahmen der offenen Tür stehen bleibt.

Andere Länder – andere Signale

Gerade in der interkulturellen Kommunikation spielen nonverbale Signale eine wesentliche Rolle. Wer nicht die gleiche Sprache spricht wie sein Gegenüber, kann sich ja mit Händen und Füßen verständigen. Eigentlich schon. Doch ganz so einfach ist es leider auch wieder nicht. Nach dem Prinzip »andere Länder, andere Gesten« hat jedes Land seine eigene Körpersprache, die eng an eine bestimmte Kultur und individuelle gesellschaftliche Normen gebunden ist. Wer also grenzüberscheitend kommuniziert, sollte einige internationale körpersprachliche Besonderheiten beachten, um nicht nonverbal in das berühmte Fettnäpfchen zu treten.

Eine Geste, viele Bedeutungen

Die Gefahr, mit einer scheinbar harmlosen Geste grenzüberschreitend komplett missverstanden zu werden, ist deutlich größer als mit Mimik. Zwar existieren sehr viele hier selbstverständliche Alltagsgesten auch in anderen Nationen. Häufig hat jedoch ein und dieselbe Geste in einem fremden Kulturkreis eine völlig andere Bedeutung. Automatisch davon auszugehen, dass ein gleiches Körpersignal auch überall gleich zu deuten ist, kann peinlich werden.

Unterschiedliche Botschaften

»Andere Länder – andere Sitten« ... »und andere Botschaften«, könnte man hinzufügen. Das zeigen die folgenden Beispiele:

› Allein die Intensität einer Berührung kann schon zum nonverbalen Stolperstein werden. Ist es beispielsweise in südamerikanischen Ländern durchaus üblich, seinen Gesprächspartner rund 180 Mal pro Stunde zu berühren, würde dieses Verhalten in Nordeuropa höchstwahrscheinlich als sehr aufdringlich, wenn nicht gar als Belästigung empfunden werden. Ein Südamerikaner könnte umgekehrt bei einem typisch nordeuropäischen Gespräch mit geringer Berührungsintensität den Eindruck bekommen, er wäre seinem Gegenüber unsympathisch.

› Je mehr Raum jemand beansprucht, desto mehr Aufmerksamkeit erzeugt er. Also: Je größer die Armbewegungen, desto mehr Wirkung und desto kraftvoller der Eindruck auf andere. Nicht ohne Grund setzen daher in den meisten Kulturen Männer auf größere Armbewegungen als Frauen. Doch auch international gibt es hier deutliche Unterschiede. Will ein amerikanischer Manager einen Punkt in einer Diskussion besonders betonen, schlägt er mit der Faust auf den Tisch und unterstreicht das Gesagte mit einem staccato-artigen Klopfen. Selbst amerikanische Managerinnen verwenden diese Gesten, jedoch in einer reduzierten Form.

Japanische Männer beschränken sich auf wenige Armbewegungen. Raum ist in Japan generell begrenzt, und ausladende Bewegungen könnten das private Territorium der Anwesenden stören. Deshalb wirkt »typisch« japanisches Verhalten auf westliche Kulturen häufig unterwürfig oder befangen, und Japaner wirken in Verhandlungen nicht selten desinteressiert oder gleichgültig. Sie empfinden intensive Armbewegungen als Ablenkung und können sich dadurch weniger konzentrieren.

Araber nutzen ihre Arme noch stärker zur nonverbalen Kommunikation als Amerikaner. Sie unterstreichen jedes Wort mit entsprechenden ausladenden Gesten und signalisieren auf diese Weise unmissverständlich Emotionen wie Ärger oder Begeisterung.

› Wer auf sich selbst verweisen möchte, greift in den einzelnen Ländern ebenfalls auf unterschiedliche Gesten zurück. Deutsche zeigen beispielsweise mit dem Zeigefinger auf Brust oder Bauch. US-Amerikaner legen ihre rechte Hand flach auf die Brust [a]. Japaner deuten mit ihrem ausgestreckten Zeige- und Mittelfinger auf ihre eigene Nase [b].

a US-Amerikaner weisen auf sich, indem sie die rechte Hand flach auf die Brust legen.

b Japaner zeigen mit dem Zeige- und Mittelfinger auf die Nase, wenn sie auf sich verweisen.

c In den meisten europäischen Ländern und den USA wird mit den Fingern nach oben herbeigewinkt.

d In Lateinamerika, im Vorderen Orient und im südlichen Balkan zeigen die Finger nach unten.

e Die »O«-Geste kann je nach Land zustimmend, neutral oder beleidigend sein.

f Der zum V geformte Zeige- und Mittelfinger steht in den meisten Ländern für Sieg und Frieden.

g Daumen nach oben heißt meist »alles okay«, kann jedoch auch etwas anderes bedeuten.

h Mit dem Zeigefinger auf jemanden zu deuten, ist absolut tabu.

Klopft sich allerdings ein Italiener mit dem Zeigefinger seitlich an seine Nase, dann will er zum Ausdruck bringen, dass ihm etwas suspekt vorkommt.

› Wie würden Sie nonverbal signalisieren, dass Sie etwas zu essen möchten? Kommen Sie aus Deutschland, dann öffnen Sie wahrscheinlich den Mund und zeigen mit dem Zeigefinger in die Mundhöhle oder Sie imitieren eine Essbewegung mit einer imaginären Gabel. Ein Südeuropäer oder Südamerikaner drückt dagegen die Fingerspitzen zusammen und führt sie zum Mund, so als würde er mit den Fingern essen. Und ein Japaner würde mit der nach oben geöffneten linken Hand eine Schale andeuten, und mit dem rechten Zeige- und Mittelfinger Essstäbchen, die er von der Schale zum Mund führt.

› Winken die meisten Europäer und US-Amerikaner jemanden herbei, dann zeigt die Handinnenfläche nach oben, und abgewinkelte Finger machen eine schnelle Bewegung auf sie zu [c, Seite 125]. In Spanien, Portugal, Süditalien, Lateinamerika, Nordafrika, im Vorderen Orient und im südlichen Balkan wird das Winken mit nach unten gehaltener Handfläche ausgeführt, also genau umgekehrt [d, Seite 125].

› Mit Sicherheit haben auch Sie bei einem Italienbesuch schon folgende Geste wahrgenommen: Die Handinnenfläche ist nach oben gedreht, die Finger werden eng nach oben gebogen und der Daumen an die Finger gestützt. Ein Italiener drückt damit aus: »Was wollen Sie eigentlich«, wenn ihm etwas nicht gefällt. In der Türkei bedeutet diese Geste »schön, gut.« Und in Ägypten drückt man damit aus: »Einen Moment, gedulden Sie sich bitte.«

»Sichtbare« Missverständnisse

Gesten können also nicht nur sehr unterschiedlich, sondern auch sehr missverständlich sein, selbst wenn es sich um vermeintlich selbstverständliche und geläufige Zeichen handelt.

› Ein mit Daumen und Zeigefinger geformtes »O« [e] gilt in Nordamerika und Europa als positives und zustimmendes Zeichen. Japaner symbolisieren auf diese Weise Geld. In Frankreich, Belgien und Tunesien erkennt man in dieser Handbewegung die Form einer Null und versteht darunter eine Geste, die etwas als wertlos einordnet. In Malta, Tunesien, Griechenland, der Türkei, Russland, Teilen Südamerikas sowie im Nahen Osten ist das »O« eine beleidigende Geste und gilt als äußerst obszön. Ebenso das sogenannte »Victory-Zeichen« [f], bei dem Zeige- und Mittelfinger V-förmig nach oben gestreckt werden, und das meistens als Symbol für Sieg oder Frieden gilt. In Großbritannien und Australien gibt diese Geste jemandem auf sehr unhöfliche Weise zu verstehen, dass seine Gegenwart nicht mehr erwünscht ist.

› Als Linkshänder kann man in arabischen Kulturen schnell in Ungnade fallen, wenn man mit der linken Hand etwas reicht oder entgegennimmt, denn die linke Hand gilt als unrein und ist hygienischen Funktionen vorbehalten. Daher gehört sie beim Essen auch nicht auf den Tisch und wird schon gar nicht zur Nahrungsaufnahme benutzt.

› »Daumen hoch« [g] hat in vielen Ländern eine positive Bedeutung. Diese Geste kommt aus der römischen Gladiatoren-Zeit. Zeigte der Daumen des Kaisers nach oben, dann war der Kampf beendet, und dem Kämpfer wurde die Freiheit geschenkt. Zeigte er nach unten, ging die Show weiter, und der Kämpfer musste sterben. Seitdem bedeutet der nach oben gerichtete Daumen in vielen Kulturen »alles okay«, »prima« oder »hervorragend«. Nicht jedoch in Australien oder Nigeria, wo diese Geste eine völlig andere Aussage hat, zum Beispiel »hau ab«. Dabei wird der Daumen in der Regel ein wenig hin und her bewegt.

Während der gestreckte Daumen in Deutschland auch für die Zahl »eins« stehen kann, weil wir mit ihm eine Aufzählung beginnen, kann in Japan die Zahl »fünf« gemeint sein. In Teilen des Mittleren Ostens ist der Daumen außerdem ein Flirtsignal, und in einigen Teilen Griechenlands wird er als obszöne Geste verstanden.

› Oder nehmen wir eine so alltägliche Geste wie auf etwas deuten. Bei uns lernen schon Kinder, dass man mit dem Finger nicht auf Leute zeigt [h, Seite 126]. Auch in China, Indonesien und Sri Lanka ist das Zeigen mit dem Zeigefinger auf Menschen tabuisiert. Besonders vorsichtig sollte man mit Zeigefinger-Gesten in Thailand sein. Wer dort lässig grüßend mit dem Zeige- und Mittelfinger an seine Schläfe tippt, lädt zu homosexuellen Abenteuern ein. Und wer wie hier seine Rede mit einem Faustschlag in die eigene Hand bekräftigt, beleidigt Frauen, weil diese Geste als sexuelle Aufforderung verstanden wird.

› Ein körpersprachlicher Fettnapf, den Sie im Mittleren Osten unbedingt vermeiden sollten: Zeigen Sie niemals Ihre Schuhsohle, zum Beispiel indem Sie mit übereinandergeschlagenen Beinen sitzen.

Mit der Schuhsohle zeigen Sie Ihrem Gegenüber den Schmutz der Straße, der als unrein gilt. Nicht ohne Grund ist das Bewerfen mit Schuhen in der arabischen Kultur Ausdruck großer Verachtung.

Damit sind Sie auf der sicheren Seite

Dass diese Beispiele nur einen Bruchteil möglicher »Sprachfallen« aufzeigen, die die internationale Verständigung auf nonverbaler Ebene bereithält, erscheint angesichts unzähliger kultureller Unterschiede weltweit naheliegend. Es ist ohnehin schier unmöglich, sich alle kulturbedingten Gesten einzuprägen. Fünf einfache Grundregeln können jedoch helfen, Fehlinterpretationen zu reduzieren:

1. Körpersprachliche Signale sollten nicht einzeln für sich, sondern immer im Zusammenhang betrachtet werden. Ein einzelnes körpersprachliches Signal sagt wenig aus, wenn der übrige Körper den Eindruck nicht verstärkt. Das Zusammenwirken von Körpersprache, Sprache, Situation und Kultur ist entscheidend.

2. Vorurteile haben bei nonverbaler Völkerverständigung nichts zu suchen, denn nur wer unvoreingenommen ist, kann sein Gegenüber auch wirklich verstehen.

3. »Täuschungsmanöver« lassen sich auch bei einer fremden Körpersprache erkennen. Ein Mensch, der über seine Körpersprache erkennen lässt, was er denkt oder fühlt, ist authentisch. Wer etwas ausdrückt, das im Widerspruch steht zu dem, was er sagt, erschwert das gegenseitige Verstehen. Nachfragen sorgt in so einem Fall für Klarheit.

4. Bei interkulturellen Begegnungen ist das Wissen um die Kulturstandards des Gegenübers zwar hilfreich, um die Gesten adäquat zu interpretieren. Ebenso wichtig sind jedoch Einfühlungsvermögen, Sympathie, Verständnisfähigkeit, Akzeptanz, Neugierde und die Gewissheit, dass es Unterschiede gibt. Diese Unterschiede zu erkennen, ist die wichtigste Voraussetzung für eine gute zwischenmenschliche interkulturelle Kommunikation.

5. Dass es selbst trotz gleicher Kulturstandards in der nonverbalen Kommunikation Missverständnisse gibt, liegt daran, dass niemand eine Situation oder einen Gegenstand genau so sieht wie sein Gegenüber. Jeder Mensch nimmt die Dinge um ihn herum anders wahr, denn in alle Wahrnehmungen fließen immer auch persönliche Erfahrungen mit ein.

Bleibt also die Frage: Wie geht man mit der Körpersprache auf internationalem Parkett auf Nummer sicher, ohne vorher das nonverbale Vokabular jeder Nation auswendig zu lernen? Am ratsamsten erscheint hier die Strategie der sparsamen Gestik und Mimik. Je zurückhaltender die eigene Körpersprache, desto weniger kann sie missverstanden werden.

Gleiche Emotionen – andere Mimik?

Es gibt unzählige Studien, die belegen, dass emotionale Gesichtsausdrücke universell zu entschlüsseln sind – verständlich müssen sie deswegen aber noch lange nicht sein. Schließlich ist die Entstehung bestimmter Gefühle keineswegs überall

Emotionen – eine Welt für sich

Auf internationaler Ebene ist eine differenzierte Wahrnehmung von Emotionen gefragt. So wird selbst eine universelle Emotion wie Ärger in verschiedenen Kulturen und Situationen unterschiedlich oder auch gar nicht zum Ausdruck gebracht. In asiatischen Kulturen ist es beispielsweise unüblich, Ärger zu zeigen. Das gilt auch schon für kleine Kinder. Wenn sie einen Wunsch nicht erfüllt bekommen, nehmen sie – anders als Kinder in westlich geprägten Kulturen – die Situation einfach hin.

gleich, sondern wird von Kultur zu Kultur unterschiedlich bewertet. Nach Aussage eines US-amerikanischen Psychologen existieren zehn Basisemotionen, die weltweit und in jeder Kultur vorkommen: Interesse, Leid, Widerwillen (Aversion), Freude, Zorn, Überraschung, Scham, Furcht, Verachtung und Schuldgefühl. Doch es hängt von den jeweiligen gesellschaftlichen Konventionen ab, wann wer in welcher Situation welche Emotion zeigt.

Die Wahrnehmung von Emotionen

Bei der Interpretation von Emotionen kommt es vor allem zwischen den westlichen und asiatischen Kulturen immer wieder zu Missverständnissen. Asiaten haben Probleme, den Ausdruck negativer Emotionen wie Angst, Ärger und Ekel bei Europäern und Amerikanern richtig zu interpretieren, weil sie selbst diese Signale weniger zur Schau stellen. Europäer und Amerikaner haben wiederum das

Gefühl, Asiaten seien in der Regel sehr emotionslos. Der Grund: Offenbar gibt es unterschiedliche kulturelle Dekodierungsvorgänge von Gesichtsausdrücken. Asiaten legen den Fokus beim Interpretieren von mimischen Signalen fast nur auf die Augen, während abendländische Kulturen die Kombination aus Augen- und Mundbewegungen ins Visier nehmen. Hinzu kommt der sogenannte Cross-Race-Effekt, durch den die Wiedererkennungsleistung von Gesichtern und Emotionen aus derselben ethnischen Gruppe leichter fällt. So können Asiaten die Emotionen ihrer Landsleute besser interpretieren als die einer anderen Ethnie und umgekehrt. Solche Verständigungshürden scheinen der Grund zu sein, weshalb etwa 50 Prozent aller Verhandlungen zwischen Deutschen und Chinesen scheitern. Und selbst eine scheinbar erfolgreich abgeschlossene Vertragsverhandlung führt zu 60 bis 70 Prozent zu suboptimalen Abschlüssen. Rund ein Drittel dieser gescheiterten Verhandlungen können laut einer Studie indirekt auf den Cross-Race-Effekt

zurückgeführt werden, der unter anderem mangelnde Empathie und eben auch eine falsche Einschätzung zwischen Kommunikationspartnern unterschiedlicher Nationalitäten zur Folge hat.

Wie viel Emotion ist angemessen?

Unterschiedliche Kulturen haben unterschiedliche Standards zum Umgang mit Emotionen. Jede Kultur bestimmt aufgrund ihrer sozialen Normen, Moral und Wertvorstellungen, wann jemand bestimmte Emotionen zeigen darf und wann welche Emotionen angebracht sind, wann sie heruntergespielt, intensiviert, »neutralisiert« oder hinter einer anderen Emotion versteckt werden. Auch in westlichen Kulturen wird Emotionen nur bis zu einem gewissen Grad Verständnis entgegengebracht. Wer sich zu gefühlvoll zeigt, dem wird schnell ein Mangel an Selbstkontrolle und eine labile Persönlichkeit zugeschrieben. Im Iran dagegen spielt die Dysphorie (das kurzfristige Zeigen von intensiven negativen Gefühlen) eine wichtige Rolle. Betroffene erleben sich als unzufrieden, schlecht gelaunt, misslaunig, gereizt, mürrisch oder verärgert und tragen diese Empfindung deutlich nach außen. Das tragische Lebensgefühl darf in der Öffentlichkeit gezeigt werden.

Generell wird zwischen individualistischen und kollektivistischen Ländern unterschieden. In kollektivistischen Kulturen wie Ostasien und Südamerika ist das Wohl der Gemeinschaft wichtiger, während individualistische Kulturen, zu denen die westlichen Industrienationen zählen, die Unabhängigkeit und Einzigartigkeit des Menschen in den Vordergrund

Information zahlt sich aus

Um einen internationalen Verhandlungspartner wirklich zu verstehen und dessen Emotionen wahrnehmen zu können, sollten Sie sich im Vorfeld mit den kulturellen und körpersprachlichen Gepflogenheiten und dem Kommunikationsstil der jeweiligen Kultur vertraut machen. Sie vermeiden nicht nur Fehler, sondern machen auch einen offenen und kompetenteren Eindruck.

stellen. Innerhalb dieser beiden Kulturzonen gibt es ein deutlich unterschiedliches Emotionsmanagement: In kollektivistischen Kulturen erlebt man starke Gefühlsregungen selten bei einer einzelnen Person, sehr wohl aber in Gruppen. Es entsteht häufig aufgrund eines positiven oder negativen (Groß-)Ereignisses und ist somit auf ein Objekt bezogen. Demgegenüber legen Menschen aus individualistischen Kulturen sehr viel mehr Wert auf die Unabhängigkeit von Emotionen und lassen sich weniger von der Gruppe oder der Situation beeinflussen.

Der internationale Emotionsatlas

In länderübergreifenden Geschäftsverhandlungen spielt der Grad der emotionalen verbalen und nonverbalen Signale eine wesentliche Rolle. Wie wäre beispielsweise die Reaktion Ihres Businesspartners auf ein lautes Lachen, ein zu langes Starren oder eine Schimpftirade? Oder besser gesagt: In welchen Ländern sollten wir welches Maß an Emotionen zeigen? Hier eine Auswahl:

› England

Die feine englische Art ist weltweit bekannt und wird mit respektvollem, zurückhaltendem Auftritt gleichgesetzt. Dazu gehört eine uneingeschränkte Höflichkeit in jeder Situation. Gefühlsausbrüche werden als peinlich empfunden. Es ist immer eine gewisse Coolness und Distanziertheit gefragt, auch wenn Briten für ihren besonderen Humor bekannt sind.

› Schweiz

Pünktlichkeit, Korrektheit, angemessene Distanz, eine sachliche Orientierung auf das Wesentliche und die Konzentration auf entscheidende Details sind wichtig. Höfliches Verhalten und Konsensfindung stehen im Vordergrund. Es muss alles immer genau geklärt werden. Schweizer sind sehr zurückhaltend mit Emotionen.

› Indien

Inder sind emotionale Menschen, auch wenn die meisten ihre Emotionen in Geschäftsverhandlungen eher zurückhalten. Gelächter und lockere Umgangsformen sind trotzdem immer willkommen und dienen auch als Stressregulator. Anteilnahme zeigen hilft, schneller eine Vertrauensbasis zu bilden.

› Philippinen

Das philippinische Volk agiert immer mit Zurückhaltung. Für Sie bedeutet das, Sie können dezent lächeln, wenn es zur Situation passt. Laute Äußerungen oder emotionale Ausbrüche sind dagegen absolut unangebracht. Sie bringen Ihr Gegenüber damit regelrecht in Verlegenheit. Versuchen Sie allenfalls von Angesicht zu Angesicht emotional zu werden, jedoch nie vor einer Gruppe. Philippinen gelten als ein sehr sensibles Volk.

› Tansania

Man erwartet, dass Sie sich ruhig und cool verhalten. Sind Sie wütend, dann drücken Sie das mit Ihrer Mimik aus. Es ist unangebracht, laut zu werden oder gar jemanden zu beschimpfen. Weinen wird als Zeichen von Schwäche empfunden und bei Männern auf keinen Fall akzeptiert. Witze reißen ist okay, solange sie angemessen bleiben.

› China

In Geschäftsmeetings steht Freundlichkeit und Höflichkeit an oberster Stelle. Verhandlungen sind zunächst immer ein wenig »undurchsichtig«. Westliche Kulturen sind es gewohnt, dass die Karten direkt auf den Tisch gelegt werden. Chinesen nähern sich dagegen langsam den Kernfragen an. Erst werden viele Höflichkeiten ausgetauscht und Schritt für Schritt konsensfähige Bereiche abgesteckt. Chinesen möchten wissen, mit wem sie es zu tun haben. Es wird viel gelächelt, manchmal auch aus Scham oder Unsicherheit. Je peinlicher eine Situation, umso mehr wird gelächelt. Lächeln kann auch andeuten, dass etwas als nicht korrekt angesehen wird.

› Mexico

Hier zählt vor allem die gute Beziehung zum Ranghöchsten. Ist diese intakt, dann stellen Sie sich auf ein langwieriges Verhandlungsritual mit exzessivem Essen und Feilschen ein. Mexikaner wirken im Vergleich zu Brasilianern ernster und verschlossener. Und dennoch werden Geschäftspartner mit großer Herzlichkeit und Offenheit empfangen. Expressives Gestikulieren und lautes Lachen gehören zu einer guten Unterhaltung. Ein freundschaftlicher Umgang wird häufig mit Körperberührungen unterstrichen. Weichen Sie nicht aus, denn das signalisiert in dieser Kultur Misstrauen. Emotionen sind ein großer Teil der mexikanischen Kultur. Gefühle werden offen zum Ausdruck gebracht und angespannte Situationen durch Witze und Geplänkel aufgelockert. Kritisieren Sie nicht und versuchen Sie, Konflikte zu vermeiden.

› Russland

Auf den ersten Blick erscheint dieses Volk eher unfreundlich und verschlossen. Schließlich ist es hier unüblich, fremde Menschen anzulächeln. Für das russische Volk muss ein Lachen von Herzen kommen und darf nicht vorgetäuscht sein, und dazu muss die Beziehung passen. Russen können außerdem wunderbar ihre Emotionen kontrollieren. Stellen Sie sich darauf ein, dass exzessives Essen und Trinken zu jeder Verhandlung dazugehören.

› Nordamerika

Offen, freundlich, informell, optimistisch und leidenschaftlich – das könnte das Motto hinsichtlich Geschäftsbeziehungen mit den USA sein. Geben Sie sich positiv und zuversichtlich. Fallen Sie nicht gleich mit der Tür ins Haus, beginnen Sie nicht gleich zu diskutieren, das könnte am Anfang einer Geschäftsanbahnung als zu aggressiv empfunden werden. Zunächst steht gepflegter Smalltalk (Seite 107) auf der Tagesordnung, um eine harmonische Gesprächsbasis zu schaffen. Deshalb werden Sie auch schnell mit dem Vornamen angesprochen. Manchmal werden Sie zu Unternehmungen eingeladen, was Sie nicht unbedingt ernst nehmen sollten. Achten Sie trotz freundschaftlicher und vertrauter Stimmung auf eine angemessene Distanz und Zurückhaltung. Mischen Sie sich nicht in private Angelegenheiten ein, denn Privatsphäre und Individualität sind Amerikanern heilig. Und beherzigen Sie das amerikanische Credo: »You can make it!«

› Bulgarien

Auf den ersten Blick wirken Bulgaren ernst und zurückhaltend, darum sollte besonders am Anfang viel Zeit in eine gute Beziehungsebene investiert werden. Dass zunächst viele Andeutungen gemacht werden, ist normal, es wird eher indirekt kommuniziert. Hier gilt es, zwischen den Zeilen zu lesen, um ein Gesamtkonzept zu generieren. Kritik ist nicht angebracht. Wird eine Frage übergangen, dann möchte man nicht näher darauf eingehen. Sie sollten sie also nicht wiederholen. In Verhandlungen sind Bulgaren fair und kompromissbereit. Stellen Sie sich darauf ein, dass in Meetings mehrere Sachen gleichzeitig bearbeitet werden.

Zustimmung oder Ablehnung?

In den meisten Kulturen wird ein Nicken des Kopfes als Signal der Zustimmung interpretiert, ein Schütteln dagegen als Ablehnung. Eine Ausnahme bildet in diesem Fall Bulgarien. Um seiner Zustimmung Ausdruck zu verleihen, wird hier der Kopf geschüttelt. Wichtig zu wissen!

Auch das Neigen des Kopfes hat unterschiedliche Bedeutungen. Gilt es in westlichen Kulturen oftmals als Geste der Ablehnung oder Unsicherheit, kann es in asiatischen Kulturen ein Zeichen für aktives Zuhören sein oder »Ich akzeptiere meine hierarchische Stellung« bedeuten. Demzufolge ist das Neigen des Kopfes im Geschäftsleben bei untergeordneten Personen noch betonter. Japanische Manager senken während einer Verhandlung häufig den Kopf und schließen ihre Augen, um durch nichts abgelenkt zu werden und sich besser konzentrieren zu können. Für Amerikaner oder Europäer ist das hingegen ein Zeichen von Desinteresse und Respektlosigkeit.

Daran erkennen Sie ein »Ja«:
› mit dem Kopf nicken: weltweit
› Kopf hin und her wiegen: Indien, Pakistan, Bulgarien
› Kopf zurückwerfen: Äthiopien

Daran erkennen Sie ein »Nein«:
› Kopf schütteln: weit verbreitet
› Kopf zurückwerfen: arabische Kulturen, Griechenland, Türkei, Süditalien
› Augenbrauen hochziehen: Griechenland
› mit der Hand abwinken: weit verbreitet
› mit der Hand fächeln: Japan
› Hände überkreuzen: weit verbreitet
› Hand am Kinn hochschnippen: Süditalien, Sardinien
› mit dem Zeigefinger abwinken: weit verbreitet

Lächeln ist nicht immer gut

»Das Lächeln, das du aussendest, kehrt zu dir zurück«, sagt ein indisches Sprichwort. Das trifft zwar auf viele Kulturen zu, jedoch bei Weitem nicht auf alle. In den Vereinigten Staaten beispielsweise wird sehr viel gelacht, und jeder lacht jeden an. In manchen Unternehmen wird das sogar bewusst trainiert, McDonald´s hat ein eigenes Trainingscenter für seine Verkäufer. Als in Moskau die ersten McDonald´s Filialen eröffnet wurden, haben Amerikaner den Einwohnern Moskaus das Lächeln beizubringen versucht. Leider mit nur mäßigem Erfolg, denn die dortigen McDonald´s-Gäste fühlten sich ausgelacht, da es in ihrem Land unüblich ist, eine fremde Person direkt anzulachen.

Auch Japan hat keine »Lächelkultur« wie Amerika. Männer lachen gar nicht in der Öffentlichkeit, und Frauen zeigen ihre Zähne nicht, wenn sie lachen. Um ein strahlendes Lächeln zu vermeiden, haben sich japanische Frauen früher die Zähne sogar schwarz angemalt. Was also in westlichen Kulturen zum selbstverständlichsten mimischen Repertoire zählt, setzt sich im Fernen Osten nur langsam durch, wird aber mittlerweile toleriert. Auch dort werden die Vorzüge des Lächelns – die Bildung von Glückshormonen, die sich

positiv auf den Körper auswirken – inzwischen erkannt. In Japan ist man sogar bestrebt, das Lächeln in der Öffentlichkeit zu trainieren. Da Lächeln also alles andere als ein selbstverständliches mimisches Signal ist, kann es vor allem bei Geschäftskontakten viele unterschiedliche Bedeutungen haben, die von Zuneigung über Entschuldigung bis hin zu Ablehnung oder Verweigerung reichen. So gilt zum Beispiel lautes oder unkontrolliertes Lachen als unhöflich oder Zeichen von Unsicherheit oder von Unwohlsein.

Nicht ohne Grund wird Thailand als Land des Lächelns bezeichnet. Das Lächeln ist dort obligatorischer und stereotyper Ausdruck des sozialen Lebens, ein Gesetz der Etikette. Hat ein Thai-Manager seinen Job verloren, dann wird er es mit einem Lächeln im Gesicht erzählen. Thailänder, Indonesier und Philippinen, die Wut, Trauer oder Schmerz empfinden, lachen in der Öffentlichkeit. Sie drücken damit aus, dass sie ihren Schmerz für sich behalten und niemanden dazu verpflichten möchten, an ihren Problemen teilzuhaben. Mit der Äußerung von negativen Emotionen droht schließlich die Gefahr, das Gesicht zu verlieren, denn das Umfeld könnte mit so einem Ausbruch nicht umgehen. Daher ziehen sich Betroffene in emotional schwierigen Situationen häufig in die eigenen vier Wände zurück.

Der Augenblick

Das Blickverhalten in unterschiedlichen Kulturen zu interpretieren, ist beileibe nicht einfach. Ein Blick kann sich abwenden, weil man jemandem zu nahekommt,

Lachvarianten

Ein Lachen kann Ausdruck von Unwohlsein, Nervosität oder Verlegenheit, aber auch von Freude sein. Jede Kultur lacht anders und misst dem Lachen andere Bedeutungen bei. Zwischen dem amerikanischen und dem asiatischen Extrem gibt es unzählige weitere – wenn auch weniger extreme – Lachkulturen. Während in Deutschland beispielsweise eher sparsam und zurückhaltend gelacht und ständiges Lächeln als unecht und gekünstelt empfunden wird, ist das Lachen in arabischen und südamerikanischen Ländern ungeniert laut und häufig mit sehr expressiven Gesten verbunden. In Schwarzafrika ist Lachen entweder ein Ausdruck der Überraschung oder der Unsicherheit oder aber des größten Unbehagens.

einen höheren Status hat, jemand unsicher oder introvertiert ist oder sich in der Kultur des Gesprächspartners direkter Blickkontakt einfach nicht schickt. »Er konnte mir nicht in die Augen sehen«, oder »Schau mir in die Augen, wenn du mit mir sprichst« sind Sätze, die uns in unserem Kulturkreis häufig begegnen. Denn ein aktiver Blickkontakt (Seite 47) hat hierzulande große Bedeutung bei der Kommunikation. Abhängig von der Dauer, der Häufigkeit und der Blickrichtung werden dem Augenkontakt unterschiedliche Bedeutungen zugeschrieben. Ein Blick entscheidet, ob wir einen Gesprächspartner als interessiert, ehrlich, aggressiv, unaufrichtig oder gelangweilt und unaufmerksam empfinden. Diese Deutungen können in anderen Ländern und Kulturen völlig anders ausfallen.

Eine deutsche Geschäftsführerin, die erst seit Kurzem in Indien lebt und den gesenkten Blick ihrer indischen Angestellten als Unehrlichkeit oder Schuldbewusstsein deutet, ist sich wahrscheinlich nicht bewusst, dass dieses Verhalten aus indischer Sicht als äußerst respektvoll gegenüber einer höher gestellten Person gilt. Schon allein dieses Beispiel zeigt, dass die Interpretation von Blicken ein enormes Konfliktpotential bergen kann, zumal der Blick häufig ein Zeichen von Macht ist. In vielen Kulturen, zum Beispiel in Lateinamerika und in den südlichen Regionen von Nordamerika, gilt Augenkontakt als Zeichen von mangelndem Respekt. Auch Japaner sind zurückhaltend und sehen eher auf den Hals als auf die Augen. Direkter Blickkontakt im Gespräch gilt schnell als Verletzung der Intimsphäre und wird in jedem Fall als unhöflich empfunden. Selbst zwischen japanischen Kollegen, die im Büro eng nebeneinandersitzen, gilt die unausgesprochene Regel, sich nicht in die Augen zu sehen und so die Privatsphäre des anderen zu tolerieren.

Im Business mit russischen Partnern signalisiert deutlicher Augenkontakt dagegen großes Interesse am Gespräch. In Brasilien gehören zum guten Ton eines Geschäftsmeetings zu einem intensiven Blickkontakt oft auch freundschaftliche Berührungen. In China hält zwar der Redner Blickkontakt mit dem Zuhörer, der Zuhörer jedoch vermeidet nicht nur den Blick in die Augen, sondern überhaupt den Blick ins Gesicht des Redners. Wer sein Gegenüber regelrecht anstarrt, wirkt leicht bedrohlich oder aggressiv. So ist Europäern der Blickkontakt, den arabische Kulturen pflegen, oft viel zu intensiv und führt dazu, dass wir uns bei einem Gespräch regelrecht durchschaut fühlen. Araber signalisieren damit nicht unbedingt den Wunsch, den Kontakt zu ihrem Gegenüber zu intensivieren. Vielmehr wollen sie – aufgrund der Überzeugung, dass »Augen nicht lügen können« – mit ihrem Blick die wahren Gedanken und Absichten des anderen erforschen. Eine mimische Eigenheit, die allerdings noch in anderer Hinsicht missverstanden werden kann. Wer in der arabischen Kultur seine innersten Gefühle nicht preisgeben möchte, behält aus diesem Grund sozusagen auch seinen Blick für sich und schaut in einer solchen Situation häufig auf andere Menschen, aber nicht auf seinen Gesprächspartner. Vielleicht behalten manche Menschen deshalb bei Gesprächen eine dunkle Brille auf…

Mit Körpersprache motivieren und überzeugen

War es früher eigentlich einfacher, als ein Brief oder eine Notiz ausreichten? Heute jedenfalls sind auch wertvolle Inhalte Schall und Rauch, wenn sie nicht überzeugend präsentiert werden. Mit den richtigen Signalen bringen Sie Ihre Botschaft kompetent rüber: im Team, vor Kunden und als Führungskraft.

Körpersprache bei Präsentationen

Zeit wird im Berufsleben mehr und mehr zum kostbaren Gut. Termine müssen eingehalten und Wettbewerber überholt werden. Und sowieso möchte jedes Unternehmen gern immer einen Schritt voraus sein. Die Folge: Maximale Effizienz ist gefragt, auch bei Präsentationen. Langatmige Ausführungen oder endlose Demonstrationen sind im wahrsten Sinne des Wortes nicht mehr zeitgemäß. Wer heute präsentiert, muss schnell auf den Punkt kommen und in kurzer Zeit überzeugen. Wie muss die perfekte Präsentation aussehen? Klar strukturiert und verständlich. Konzentriert auf die entscheidenden Informationen. Und vor allem eins: beeindruckend. Denn nur das, was Zuhörer und Entscheider in dieser kurzen Zeit zu fesseln vermag, wird sie auch überzeu-

gen. Die nächste Frage: Was macht eine Präsentation beeindruckend? Natürlich zu einem großem Teil ein innovatives Produkt, eine kreative Idee oder ein durchschlagendes Konzept. Doch das *Wie* zählt mindestens ebenso wie das *Was*. Und was gehört zu diesem Wie? Zuerst die Präsentation selbst, die technisch und optisch perfekt und so kreativ und unterhaltsam wie möglich sein sollte. Aber auch der Präsentierende, dessen Performance viel öfter ein entscheidendes Kriterium ist, als üblicherweise angenommen wird. Nicht von ungefähr bieten immer mehr Firmen ihren Mitarbeitern entsprechende Seminare an. Es lohnt sich also, ebenso viel Augenmerk auf die eigene Körpersprache zu legen wie auf das Layout und den Inhalt der Präsentationscharts.

Von Beginn an überzeugen

Neben einer guten rhetorischen Darbietung spielen bei Vorträgen vor allem nonverbale Signale eine wichtige Rolle. Schließlich senden Sie durch Ihre Mimik, Gestik, Haltung und Stimme permanent Botschaften an die Zuhörer – meistens unbewusst. Leider wird dieser Aspekt allzu häufig vernachlässigt. Das sieht dann so aus: Der Redner verschanzt sich hinter dem Rednerpult, klammert sich daran fest wie an einem sinkenden Schiff, blickt vorwiegend in sein Manuskript und murmelt monoton in sein Mikro hinein.

Ein großer Fehler, denn die Art und Weise, wie wir auftreten, wie wir uns bewegen, auf Kommentare reagieren, die Zuhörer ansehen und in Interaktion treten, hat mehr Gewicht als die Inhalte, die wir vortragen. Um eine Präsentation auch auf nonverbaler Ebene optimal zu beginnen und einen Draht zum Publikum herzustellen, gehen Sie am besten wie folgt vor:

1. Noch vor Ihrem Auftritt stellen Sie sich vor, Sie würden ein normales Gespräch mit einer Ihnen bekannten Person führen. Sprechen, gehen und gestikulieren Sie mit Engagement und Begeisterung, so, als würden Sie einen Freund oder Kollegen von etwas überzeugen wollen.

2. Verbannen Sie negative Szenarien aus Ihrem Kopf und programmieren Sie sich mental auf Erfolg. Sagen Sie sich innerlich: »Ich werde einen guten Vortrag halten. Ich gewinne die Zuhörer. Ich kann es. Ich bin gut vorbereitet. Ich werde langsam sprechen und die Zuhörer anblicken. Mit meinen Gesten werde ich meine Worte unterstreichen.« Visualisieren Sie im Detail, worauf Sie achten werden. Spielen Sie die wichtigsten Punkte noch einmal in Ihrem Kopf durch und freuen Sie sich, dass Sie gleich die Chance bekommen, Ihr Wissen kompetent weiterzugeben. Diese Vorbereitung sollten Sie sich wie ein festes Ritual zur Gewohnheit machen, ähnlich wie es Spitzensportler tun.

3. Gehen Sie mit Elan und Schwung auf die Bühne [a, Seite 140], aber hetzen Sie nicht, als würden Sie befürchten, das Publikum läuft Ihnen davon. Gehen Sie in einem angemessenen Schritttempo bis zur Bühnenmitte und beginnen Sie keinesfalls schon vorher zu sprechen. Erst wenn Sie angekommen sind und Ihre Position eingenommen haben, bekommen Sie die volle Aufmerksamkeit des Publikums.

4. Sind Sie auf Position, nehmen Sie eine aufrechte, selbstbewusste Haltung ein (Seite 37). Damit ist jedoch nicht das militärische Brust-raus-Bauch-rein-Prinzip gemeint, durch das Sie steif und unnahbar wirken würden. Finden Sie für sich das richtige Maß an Körperspannung, um Energie und Kraft auszustrahlen, aber dabei nicht wie ein Feldwebel zu wirken.

5. Eine etwas anspruchsvollere Aufgabe ist die Kunst der nachhaltigen Pause, die anfänglich etwas Überwindung kostet, aber dafür großen Effekt hat. Stehen Sie locker

und aufrecht an Ihrem Platz, blicken Sie – bevor Sie Ihren Vortrag beginnen – ins Publikum, schicken Sie Ihren Zuhörern ein Lächeln und schweigen Sie. Erst wenn Sie das Gefühl haben »Jetzt sind alle Augen auf mich gerichtet« und wenn es mucksmäuschenstill ist, beginnen Sie angemessen laut zu sprechen. Diese Sekunden werden Ihnen wie eine kleine Ewigkeit vorkommen, dem Publikum erscheint die Pause völlig natürlich. Nutzen Sie die Zeit, um noch einmal tief durchzuatmen.

5. Bevor Sie schließlich starten, ist eine sogenannte Einladungsgeste gefragt – ein Ausstrecken der Arme. Wählen Sie den Abstand zwischen Ihren Armen dabei so, dass Sie sich wohl dabei fühlen, aber richten Sie auf alle Fälle die Innenflächen zueinander oder noch besser nach oben. Die einzige Regel: Arme weg vom Oberkörper! Diese Geste ist wichtig, weil eine bloße verbale Begrüßung, bei der der Redner unbeweglich auf der Bühne steht, nicht als glaubhaft empfunden wird und daher unsympathisch wirkt. Mit so einem Eindruck möchte wohl kaum jemand starten.

Stellen Sie sich in ein günstiges Licht

1970 stellten sich US-amerikanische Wissenschaftler folgende Frage: Ist es möglich, eine Gruppe von Experten mit einer brillanten Vortragstechnik so hinters Licht zu führen, dass sie den inhaltlichen Nonsens nicht bemerken? Sie engagierten einen Schauspieler und trainierten dessen Auftritt tagelang. Ziel war ein brillanter Vortrag mit inhaltlich absolutem Nonsens. Das Ergebnis: Sämtliche Experten klebten an den Lippen des überzeugenden Schauspielers und waren von seinem Vortrag begeistert. Seitdem heißt diese Studie »Dr.-Fox-Effekt«. Im realen Leben bedeutet das: So gut und überzeugend Ihre vorgetragenen Inhalte auch sein mögen – wirklichen Erfolg erreichen Sie nur mit einer guten Wirkung, also einer überzeugenden Körpersprache. Weder Sie selbst noch Ihr Publikum werden die nonverbalen Signale bewusst wahrnehmen, dennoch wird Ihr Auftritt maßgeblich durch sie definiert.

a Betreten Sie entspannt und mit Blick zum Publikum die Bühne.

Umso besser, dass Sie Ihre Körpersprache zwar nicht komplett steuern, aber durchaus optimieren und effektiv einsetzen können. Auf die folgenden Aspekte sollten Sie Ihr besonderes Augenmerk legen:

Gezielte Bewegungen

Nichts wirkt unprofessioneller als eine unruhige und unkoordinierte Körpersprache. Ruhe heißt das Zauberwort, die Sie durch Ihre Gestik, Mimik und Haltung auf das Publikum übertragen sollen. Und das von Anfang an, indem Sie sich souveränen Schrittes auf die Bühne begeben und dort Ihren Standort einnehmen. Von nun an gilt: Bleiben Sie nicht wie versteinert stehen, aber laufen Sie auch nicht hektisch hin und her. Fuchteln Sie nicht mit den Armen herum. Bleiben Sie in Bewegung, aber gezielt und mit bewussten Pausen. Nehmen Sie zwischendurch immer wieder einen festen Stand ein, bleiben Sie kurz an dieser Stelle stehen und setzen Sie gezielt Gesten ein. Sie können sich zwischendurch auch ruhig seitlich, nach vorne oder nach hinten bewegen. Der Grund: Stehen Sie statisch auf einem Fleck, wird auch Ihr Publikum mental unbeweglich. Bewegen Sie sich, gehen auch die Gedanken Ihrer Zuhörer eher mit. Zu viel Bewegung allerdings würde ablenken.

Mit Augenkontakt Interesse wecken

So bewusst wie Ihre Bewegungen sollten Sie auch den Blickkontakt zu Ihrem Publikum einsetzen. Suchen Sie sich dafür einige Personen aus, die Ihnen ein gutes Gefühl vermitteln, weil sie Interesse und Aufmerksamkeit signalisieren. Ein Blickkontakt sollte auf jeden Fall einen Gedan-

Der Blick geht mit

Wenn Sie sich bewegen, blicken Sie immer in die Richtung, in die Sie gehen. Etwas anderes würde unnatürlich wirken. Werden Sie vom Bühnenlicht geblendet, lassen Sie den Blick über das Publikum schweifen, nach links, nach rechts und zurück in die Mitte.

ken lang dauern. Wenn Sie eine Geschichte erzählen, wählen Sie sich gedanklich einen Zuhörer aus und stellen Sie sich vor, Ihre Erzählung wäre ganz allein für ihn bestimmt. Umso konzentrierter und souveräner wird sie ausfallen.

Gute Show trotz Rednerpult

Wenn Sie hinter einem Rednerpult stehen müssen, ist Ihr Bewegungsspielraum erheblich eingeschränkt, und Sie verlieren eine Menge an physischer Präsenz. In so einem Fall müssen Sie dreimal so intensiv mit Ihren Gesten und Ihrer Stimme arbeiten, um Aufmerksamkeit zu erzielen. Deshalb die beste Devise: »Weg vom Rednerpult.« Haben Sie aber keine andere Wahl, dann überzeugen Sie mit Ihrer Körpersprache vom Bauchnabel aufwärts. Wie Sie herausfinden, wann Sie die richtige Intensität in Sachen Gestik erreicht haben? Ganz einfach: Wenn Sie denken, Sie übertreiben maßlos, nimmt das Publikum Ihre Signale nicht einmal als außergewöhnlich wahr.

Schweigen Sie gekonnt

Die Rhetorik zu trainieren, ist eine wichtige Voraussetzung, um sich einen überzeugenden Vortragsstil zu erarbeiten.

Ebenso wichtig ist aber die Fähigkeit, zu schweigen – und sie ist schwieriger zu erlernen. Bewusst Pausen setzen kostet anfangs Überwindung, ist jedoch ein absolutes Muss. Der Grund: Ihr Publikum braucht immer wieder Zeit zum Mit- und Nachdenken. Wollen Sie also eine Aussage besonders betonen, dann schweigen Sie nach diesem Satz. Eine gute Pause dauert etwa drei bis fünf Sekunden. Nutzen Sie diese Zeit, um tief Luft zu holen.

Zeigen Sie Gefühle

Das was Sie sagen, muss der Zuhörer auch fühlen können, sonst verpufft die Wirkung Ihrer Aussagen. Wenn Sie also etwas Fröhliches erzählen, müssen Sie Ihrem Publikum auch ein entsprechendes Gesicht präsentieren (Seite 19). Sprechen Sie dagegen über eine ernste Sache, halten Sie sich mimisch zurück. Wollen Sie Wut demonstrieren, dann zaubern Sie eine Zornesfalte auf Ihre Stirn (Seite 23). Erzählen Sie von einer überraschenden Sache, zeigen Sie das auch – mit einem hängenden Kiefer und weit aufgerissenen Augen (Seite 21). Auch wenn Sie selbst das Gefühl haben, Ihre Mimik ist völlig übertrieben – sie ist es nicht. Andere Menschen nehmen unsere bewussten nonverbalen Signale viel schwächer wahr als wir selbst und empfinden beispielsweise ein verblüfftes Gesicht als natürliche mimische Beteuerung des Gesagten.

Sie haben Ihre Wirkung förmlich in der Hand

Arme und Hände sind neben der Mimik unser stärkstes nonverbales Ausdrucksmittel und echte Multitalente. Sie können den Inhalt einer Rede oder Präsentation verstärken, aber auch allein für sich eine Menge ausdrücken. Gesten mit den Händen dürfen deshalb in keinem Vortrag fehlen. Hier die wichtigsten Regeln:

1. Symbole zeigen
Gesten müssen den Inhalt unterstreichen und dürfen nicht widersprüchlich sein. Einige Beispiele: Wenn Sie von einer großen Menge sprechen, demonstrieren Sie mit beiden Armen diese große Menge. Wollen Sie ein Ziel verfolgen, dann strecken Sie die Hand nach vorne [b, Seite 143]. Gibt es drei wichtige Punkte, dann zeigen Sie seitlich von Ihrem Körper

Eine kleine Gefühlsübung

Um die Hemmung vor einer ausdrucksstarken Mimik abzubauen, stellen Sie sich vor, Sie wären ein Pantomime-Künstler, der nur seinen Körper, seine Mimik und Gestik hat, um darzustellen, was in ihm vorgeht. Nehmen Sie sich viel Raum. Übertreiben Sie ruhig. Deuten Sie nur, sagen Sie nichts. Am besten stellen Sie sich dazu vor einen Spiegel.

Beispiele:
Mimen Sie einen Menschen, der überrascht wird; einen Entscheidungsträger, der den Mitarbeitern die Leviten liest; einen Kollegen, der einem anderen Trost spendet; ein Kind, das gerade seinen toten Hamster betrauert; eine Person, die jemanden anmacht; eine Person, die etwas befiehlt. Ihren Ideen sind bei dieser Übung keine Grenzen gesetzt.

b Die senkrecht nach vorne gestreckte Hand verweist auf das erstrebte Ziel.

c Gespreizte, nach oben weisende Finger neben dem Körper betonen eine Anzahl.

d Mit Daumen und Zeigefinger wird eine minimale Veränderung bildlich.

e Vor einem großen Publikum dürfen auch die Gesten größer ausfallen.

f Handbewegungen von unten nach oben wirken auf das Publikum sympathisch.

g Mit einem Lächeln und einer leichten Verbeugung bedanken Sie sich bei Ihrem Publikum.

drei gespreizte Finger nach oben [c, Seite 143]. Ein wirtschaftlicher Anstieg lässt sich mit einer Aufwärtsbewegung mit der Hand darstellen. Eine wichtige Aussage kann mit dem nach oben gestreckten Zeigefinger betont werden. Eine gegenteilige Meinung drücken Sie aus, indem Sie eine oder beide Handflächen nach vorne schieben und den Körper zurück und gleichzeitig den Kopf seitlich wegdrehen. Eine minimale Veränderung zeigen Sie, indem Sie Zeigefinger und Daumen zusammenführen [d, Seite 143].

2. Gestik vor Wort
Gesten wirken dann besonders stark, wenn das nonverbale Signal vor der verbalen Aussage erfolgt. Denn üblicherweise spricht zuerst der Körper, dann folgt das Wort. Sind Politiker richtig zornig, dann hauen sie zuerst auf das Rednerpult und beginnen erst danach mit ihrer Kritik. Eine gute Methode, das zu lernen: Lesen Sie Märchen mit vollem Körpereinsatz. Stellen Sie das Märchenbuch auf einen Notenständer und geben Sie die Erzählung sowohl nonverbal als auch in Worten wieder. Je öfter Sie diese Reihenfolge trainieren, desto automatischer werden Sie sie künftig zum Einsatz bringen.

3. Arme weg vom Oberkörper
Achten Sie darauf, niemals die Arme an den Körper zu pressen, sonst wirken Sie ganz schnell unsicher und unterwürfig. Befolgen Sie stattdessen folgende Formel: Je größer die Gruppe, desto größer dürfen Ihre Armbewegungen ausfallen, damit die Signale auch bei jedem im Publikum ankommen [e, Seite 144]. Solche aus-

ladenden Gesten werden Ihnen am Anfang sehr ungewohnt erscheinen. Je öfter Sie sich dazu durchringen, desto selbstverständlicher werden die Armbewegungen sich anfühlen, und Sie werden bald den Unterschied in Sachen Wirkung merken.

4. Kämpfen Sie gegen die Schwerkraft an
Aus reiner Gewohnheit tendieren wir alle zu sogenannten Abwärtsbewegungen. Wir lassen die Arme nach unten fallen, weil das am wenigsten anstrengt. Nur leider wirkt das eher negativ auf das Publikum. Ein bisschen mehr Muskelarbeit ist also gefragt, um diese »wegwerfenden« Gesten in Aufwärtsbewegungen umzuwandeln. Führen Sie Handbewegungen immer bewusst von unten nach oben aus und zeigen Sie Ihrem Publikum ruhig die nach oben gerichteten Handinnenflächen [f, Seite 144], als wollten Sie etwas geben. Darauf reagieren Menschen äußerst positiv.

5. Die lockeren Handgelenke
Wenn Sie Arme und Hände zum Einsatz bringen, ob für große oder kleine Gesten, achten Sie auf Ihre Handgelenke. Mit lockeren oder beziehungsweise abgeknickten Handgelenken wirkt jede Geste schwächer und manchmal auch etwas albern. Für eine kraftvolle Wirkung sollten Ihre Handgelenke daher bei allen Gesten möglichst stabil sein.

6. Und: üben, üben, üben
Die wichtigste Regel für jeglichen Einsatz von Körpersprache: Nur Übung macht den Meister. Je sicherer Sie mit nonverbalen Signalen umzugehen wissen, desto wohler fühlen Sie sich vor Publikum und desto

wirkungsvoller sind Ihre Haltung, Gestik und Mimik. Inszenieren und trainieren Sie also jeden Vortrag vorher so oft es geht. Ebenso wie Sie sich bemühen, sich den Inhalt einer Präsentation so gut wie möglich einzuprägen, sollten Sie auch an Ihrer Performance arbeiten. Üben Sie vor dem Spiegel, mit einer Videokamera, vor Kollegen und Freunden und in einem normalen Gespräch. Etwa zwei Monate braucht ein Mensch, um sich neue Verhaltensweisen einzuprägen Es sei denn, Sie gehören zu den wenigen Menschen, die dafür ein angeborenes Talent besitzen.

Das Beste zum Schluss

Jede gute Show braucht ein grandioses Finale – auch Ihre. Der Vorteil liegt auf der Hand: Das, was Sie Ihrem Publikum als Letztes präsentieren, bleibt am intensivsten in Erinnerung. Ziehen Sie also die Spannung noch einmal richtig nach oben, indem Sie sich das Beste dafür aufheben, nämlich genau die Botschaft, die Ihre Zuhörer mit nach Hause nehmen sollen.

Haben Sie diese letzte Hürde genommen, dürfen Sie den angenehmsten Teil der Sache genießen: Ihren Applaus. Genießen Sie ihn wirklich, flüchten Sie nicht.

Schließlich haben Sie diese Anerkennung verdient und sollten sich das Feedback Ihres Publikums nicht entgehen lassen. Bleiben Sie also entspannt in der Mitte der Bühne stehen, machen Sie eine leichte Verbeugung, signalisieren Sie mit einer Geste Ihre Anerkennung für Ihre Zuhörer und danken Sie ihnen vor allem mit einem ehrlichen Lächeln [g, Seite 144]. Sollten Sie noch von einem Moderator verabschiedet werden, dann sprechen Sie sich im Vorfeld ab, ob Sie sich die Hand schütteln oder nicht. Das gilt auch für den Anfang. Es sieht immer etwas unbeholfen aus, wenn eine Hand ins Leere fährt.

Ist eine anschließende Fragerunde geplant, sollten Sie als Erster die Hand heben und sagen: »Wer hat die erste Frage?« Kommt aus dem Publikum keine Reaktion, dann stellen Sie selbst eine Frage nach dem simplen Prinzip: »Was ich immer wieder gefragt werde, ...« Wenn Sie Ihre eigene Frage beantwortet haben, versuchen Sie es noch einmal. Fragerunden müssen gelegentlich angeschoben werden. Gestaltet sich Ihre Fragerunde dagegen zu einer nicht enden wollenden Angelegenheit, wenden Sie den einfachen Trick an: «Wer hat nun noch eine letzte Frage?» Somit ist für jeden deutlich: Jetzt ist Schluss.

Lampenfieber verhilft zum Erfolg

Jeder von uns hat es schon am eigenen Leib erfahren, mehr oder weniger intensiv: vor einer Prüfung, einem Bewerbungsgespräch, einem Wettkampf, einem wichtigen Meeting und vor allem bei Vorträgen. Die Rede ist von Lampenfieber, dem Alb-traum jedes Redners. Und wer denkt nicht bei Lampenfieber sofort verallgemeinernd an starke Anspannung, Stress und Symptome wie Herzklopfen, Reizbarkeit, Erröten, Zittern, Beengtheitsgefühl, Konzentrationsmangel. In Wirklichkeit reagiert jeder Mensch bei Lampenfieber anders und die meisten profitieren noch dazu von dem ungeliebten Nervositätsschub.

Ein natürliches Aufputschmittel

Lampenfieber hat seine Wurzeln in der prähistorischen Zeit und war nicht mehr und nicht weniger als eine unbewusste Überlebensstrategie. Mit der »Cannonschen Notfallreaktion«, wie Lampenfieber in der Fachsprache heißt, bereitet sich der Körper automatisch und unbewusst darauf vor, zu kämpfen oder zu flüchten. Diesen Urinstinkt haben wir uns bis heute bewahrt, obwohl wir kaum noch Situationen ausgesetzt sind, in denen es um das nackte Überleben geht. Aber wir geraten durchaus in Situationen, in denen wir Angst haben. Zum Beispiel davor, sich aus irgendeinem Grund vor vielen Menschen lächerlich zu machen. Eine Befürchtung, die in der Angsthierarchie der meisten Menschen ganz oben steht. Deshalb überrascht es auch nicht, dass ein Vortrag diese Angst auslösen kann. Schließlich ist eine Präsentation so gut, wie das Publikum sie bewertet. Und beinahe jeder Redner hat Angst vor diesem Urteil und setzt sich damit mächtig unter Druck.

Lampenfieber ist also völlig normal, tritt aber in unzähligen Varianten auf. So spielt der gefühlte Status eine große Rolle. Präsentiert beispielsweise ein Abteilungsleiter eines größeren Unternehmens häufig vor Kollegen, empfindet er diese Situation als relativ normal und ist höchstwahrscheinlich kaum aufgeregt. Muss er jedoch vor den Vorständen präsentieren, wird auch seine Angstkurve nach oben steigen.

Doch egal, wie stark Lampenfieber ausfällt, eines sollte man sich immer bewusst machen: Lampenfieber ist eine irreale Angst, die keine konkrete Berechtigung hat. Trotzdem müssen wir uns damit auseinandersetzen und versuchen, sie zu besiegen. Ein Tipp: Je öfter Sie der Angst die Stirn bieten, desto selbstbewusster werden Sie. Weil Sie bei jedem Mal klarer erkennen, dass nichts passiert und Ihre Angst völlig unbegründet ist.

Den Idealzustand haben Sie erreicht, wenn Ihnen vor Präsentationen und Vorträgen ein kleiner Rest an Aufregung geblieben ist, denn dann ist Lampenfieber ein regelrechtes Aufputschmittel, das die eigene Aufmerksamkeit und damit die Qualität des Vortrags steigert.

Angst positiv gesehen

In seinem Buch »Der Begriff Angst« schreibt der dänische Philosoph Sören Kierkegaard »Die Angst lähmt nicht nur, sondern enthält auch die unendliche Möglichkeit des Könnens, die den Motor menschlicher Entwicklung bildet.«

30 Tipps gegen Lampenfieber

Das ultimative Mittel gegen Lampenfieber gibt es nicht. Aber es gibt eine Menge Methoden, Übungen und Tipps, um die Aufregung auf ein erträgliches Maß zu reduzieren und Lampenfieber souverän zu meistern. Denken Sie daran: Eine gute Vorbereitung hält Lampenfieber in Schach und gibt Sicherheit, die optimale Basis für einen selbstsicheren Vortrag. Es lohnt sich also, hier möglichst viel Zeit zu investieren. Zusätzlich können Sie sich aus den folgenden Tipps die für Sie beste Strategie zusammenstellen.

Kribbeln im Bauch: ein Geschenk

Ich gebe es zu: Vor jedem Auftritt habe ich dieses Kribbeln im Bauch und verspüre einen Kloß im Hals – auch wenn ich schon unzählige Auftritte hinter mir habe. Doch genau dafür bin ich dankbar. Weil ich dadurch merke, dass mir die Sache wirklich wichtig ist. Und je wichtiger uns etwas ist, desto mehr sind wir motiviert, unser Bestes zu geben. Nehmen Sie Ihr Lampenfieber also als positives Zeichen und wertvolles Geschenk an.

Spickzettel erlaubt

Endlich dürfen Sie ohne schlechtes Gewissen spicken. Ein Stichwortzettel (maximal in DIN A5-Größe) mit den wichtigsten Punkten gibt Ihnen Sicherheit, auch wenn Sie ihn gar nicht brauchen. Optimal eignen sich übrigens Moderationskarten, denn aufgrund der Festigkeit des Papiers sieht man ein eventuelles Zittern nicht.

Aufregung – keiner außer Ihnen bemerkt sie

Sie fühlen Ihre butterweichen Knie, den Kloß im Hals, die kribbelnden Hände, Ihre heißen Wangen und sind sich sicher, dass die Zeichen Ihrer Nervosität auch sonst keinem entgehen. Falsch gedacht. Von Ihrer »großen« Aufregung nimmt das Publikum gerade mal ein Achtel wahr – wenn überhaupt. Wenn wir glauben, auszusehen wie eine Tomate, kann meistens gerade einmal von einer gesunden Gesichtsfarbe die Rede sein.

Früh genug vor Ort sein

Um entspannt auf der Bühne zu stehen, müssen Sie schon einige Zeit vorher einen ruhigen Gang einlegen und nicht in letzter Minute auf die Bühne hetzen. Seien Sie idealerweise 60 Minuten vor Ihrem Vortrag vor Ort. Machen Sie sich mit dem Raum vertraut und bereiten Sie den Rest nach Ihren Vorstellungen vor.

Tief durchatmen

Bewusstes Atmen gehört zu den effektivsten und schnellsten Methoden, den eigenen Puls zu senken und damit auch der Aufregung entgegenzuwirken. Wichtig: Atmen Sie durch die Nase ein und durch den Mund aus. Zählen Sie beim Ein- und Ausatmen jeweils etwa bis acht.

Schaukeln beruhigt

Was schon bei kleinen Babys hilft, ist auch im Erwachsenenalter eine gute Methode, sich selbst zu beruhigen: das langsame Hin- und Herwiegen oder Vor- und Zurückschaukeln. Eine Minute genügt, und Sie werden die Entspannung spüren.

Rituale geben Sicherheit

Wiederkehrende Rituale und Gewohnheiten geben uns automatisch Sicherheit. Kreieren Sie also Ihre ganz persönlichen Rituale: ein ausgedehntes Bad am Vorabend, eine bestimmte Musik, die Sie kurz vorher hören, ein glücksbringendes Accessoire, das Sie bei jeder Präsentation begleitet. Seien Sie fantasievoll!

Geheimtipp: Trinkkur

Trinken Sie kurz vor dem Vortrag noch ein großes Glas warmes Leitungswasser. Es beruhigt Magen und Nerven. Zur Toilette müssen Sie deshalb nicht.

Musik in den Ohren

Nichts kann so schnell und so intensiv Emotionen hervorrufen wie Musik. Nutzen Sie diesen Effekt und hören Sie vor dem Vortrag genau die Musik, die Ihre Stimmung hebt. Wählen Sie Lieder, mit denen Sie schöne Momente verbinden. Und singen Sie am besten kräftig mit – das lockert schon mal Ihre Stimmbänder.

Lockerungsübungen gegen Verspannung

Lampenfieber führt nicht nur zu einer geistigen Anspannung, sondern auch zur Verspannung des Körpers. Machen Sie sich also unbedingt vorher locker. Kreisen Sie den Nacken [a], heben und senken Sie die Schulterpartie, schwingen Sie die Arme [b], kreisen Sie Ihren Rumpf und massieren Sie sanft und mit Bedacht Ihre Gesichtsmuskulatur.

Den Erfolg vor den Augen haben

Je konkreter wir uns eine Situation im Vorfeld vorstellen, desto besser wissen wir, was uns erwartet und haben keine unangenehmen Überraschungen zu befürchten. Nutzen Sie dafür Ihr »Kopfkino« (Seite 38)

a   Lockerungsübungen helfen, den Körper zu entspannen, zum Beispiel den Nacken kreisen ...

b   ... oder die Arme seitlich vom Körper in gleichmäßigem Tempo schwingen.

und malen Sie sich detailliert aus, wie Sie die Bühne betreten, mit einem Lächeln und einer positiven Geste die Zuhörer begrüßen, mit einem spannenden Einstieg starten und Ihren Vortrag entlang des roten Fadens souverän halten. Und stellen Sie sich auch Ihren wohlverdienten Applaus am Ende vor. Je realistischer das alles, desto besser.

Fort mit überschüssiger Energie

Aufregung kann sowohl lethargisch als auch geradezu hyperaktiv machen. Damit Sie nicht so auf der Bühne stehen, als hätten Sie zu viel Kaffee getrunken, sollten Sie Ihre überschüssige Energie vorher loswerden. Am besten gehen Sie noch einmal um den Häuserblock oder machen zehn Kniebeugen und dehnen Ihren Körper. So sind Sie etwas weniger energiegeladen und noch dazu dank Sauerstoff und Bewegung körperlich und geistig fit.

Visualisieren Sie Ihr Wunsch-Publikum

Machen Sie sich nicht nur von Ihrem Vortrag, sondern auch von Ihren Zuhörern ein konkretes Bild. Stellen Sie sich das Publikum Ihrer Träume vor, das Ihre Rede interessiert verfolgt und Sie als anregend, informativ und unterhaltsam erlebt. Je fester Sie sich dieses Bild einprägen, desto schwerer wird es Ihnen fallen, Ihr tatsächliches Publikum nicht genau so wahrzunehmen.

Eine klangvolle Stimme

Haben Sie eine zittrige Stimme? Dann betreiben Sie Stimmpflege: Husten Sie kräftig, nehmen Sie einen Schluck Wasser und summen Sie damit ein Lied. Je länger, desto besser.

Nackt macht lustig

Dieser alte Trick, den jeder noch aus Schul- und Prüfungszeiten kennt, hat sich bis heute bewährt. Stellen Sie sich Ihr Publikum nackt vor. Der Effekt: Sie fühlen sich nicht mehr als einziger »schutzlos«. Außerdem wirkt alles, was erheitert, auch automatisch entspannend.

Der letzte Blick in den Spiegel

Viele Redner verlieren ihre Konzentration, weil sie zu sehr mit ihrem Äußeren beschäftigt sind. Stellen Sie sich darum nur noch einmal kurz vor dem Auftritt vor den Spiegel, um sicherzugehen, dass alles an Ihnen in bester Ordnung ist. Ab dann konzentrieren Sie sich auf Ihre Präsentation.

Schneller Entspannungstrick

Spannen Sie Ihren gesamten Körper zehn Sekunden lang kräftig an – dann lassen Sie wieder locker. Wiederholen Sie diese Übung zehn Mal und Sie werden die Entspannung deutlich spüren.

Freundliche Gesichter

Suchen Sie sich vor allem für den Anfang positiv gestimmte Zuhörer aus, zu denen Sie Blickkontakt aufnehmen und halten können. Das gibt Ihnen zusätzliche Sicherheit und zusätzliche Energie.

Kontakt aufnehmen

Je bekannter und vertrauter uns etwas ist, desto weniger macht es uns Angst. Lernen Sie deshalb Ihr Publikum schon vorab kennen. Plaudern Sie mit dem ein oder anderen Zuhörer und überzeugen Sie sich, dass es sich auch nur um ganz normale Menschen handelt. Obendrein schätzen es

Zuhörer, wenn der Referent sich schon vor dem Vortrag etwas Zeit für sie nimmt.

Glücksrausch gefällig?

Das Glückshormon Serotonin können wir für einen Vortrag gut gebrauchen. Essen Sie deshalb vor dem Vortrag eine Banane, Schokolade oder Nüsse. Sie beruhigen und geben ein gutes Gefühl.

Ein voller Bauch präsentiert nicht gern

Zu viel davon sollten Sie vor Ihrem Auftritt allerdings nicht essen. Schließlich benötigen Sie Ihre Energie für Ihren Kopf und nicht für Ihre Verdauung.

Schweißränder, das nicht!

Schwitzen lässt sich nicht immer vermeiden – vor allem nicht, wenn man aufgeregt ist. Allerdings muss es ja nicht für jedermann sichtbar sein. Vermeiden Sie deshalb Farben wie rosa, beige, hellblau, grau oder grün, hier werden Schweißflecken sofort sichtbar. Tragen Sie stattdessen ein weißes Hemd oder eine weiße Bluse und einen Anzug oder ein Kostüm in dunklen, gedeckten Tönen.

Positive Erinnerungen aktivieren

Um sich vor der Präsentation positiv zu programmieren, rufen Sie sich ein Erlebnis in Erinnerung, das Sie beflügelt und angenehme Gefühle in Ihnen auslöst. Gehen Sie es im Detail durch und erleben Sie es im Kopf noch einmal: Was haben Sie gesehen, gehört, gespürt, gerochen, geschmeckt? Je konkreter Sie sich mit dieser Erinnerung beschäftigen, desto weniger kommen Sie auf die Idee, sich wegen Ihres Vortrages verrückt zu machen.

Horrorszenarien ausmalen

Paradoxerweise funktioniert bei manchen Menschen auch das Gegenprogramm. Stellen Sie sich so genau wie möglich den schlimmsten Fall vor, der passieren könnte: wie Sie sich total verhaspeln, Ihnen der Stichwortzettel aus der Hand rutscht oder Sie stolpern. Je intensiver Sie sich mit diesem mehr als unwahrscheinlichen Horrorszenario konfrontieren, desto weniger fürchten Sie konkret, dass es eintritt.

Blackouts meistern

Trotz optimaler Vorbereitung und verschiedener Beruhigungsstrategien kann es vorkommen, dass der Kopf Ihnen einen Streich spielt und Ihren Vortrag mit einem kleinen Blackout sabotiert. Trotzdem kein Grund, in Panik zu verfallen, denn wenn Sie sich nichts anmerken lassen, wird das Publikum nichts von Ihrem Aussetzer mitbekommen. Der beste Trick, um flüssig weiterzumachen: Wiederholen Sie den letzten Satz, was durchaus ein rhetorisches Mittel sein kann. Oder stellen Sie eine Frage, um Zeit zu gewinnen. Aber auch die einfachste Lösung ist durchaus legitim: Schauen Sie auf Ihren Stichwortzettel, denn niemand erwartet, dass Sie alles auswendig gelernt haben.

Eigenlob stinkt kein bisschen

Sie können nicht nur von anderen einen Rat annehmen oder auf deren Meinung hören, sondern sich auch selbst positiv beeinflussen, indem Sie sich gut zureden. Suchen Sie sich dafür einen geeigneten Ort und reden Sie dort laut vor sich hin. Sie werden sehen, dass diese Selbstmotivation Wunder wirkt. Dabei genügen ganz einfache Sätze wie »Ich bin gut«, »Mir geht es gut«, »Ich bin ganz ruhig«, »Ich schaffe es«, »Ich freue mich auf den Applaus«.

Trainieren Sie audiovisuell

Wenn Sie Ihren Vortrag einüben, nehmen Sie sich möglichst auf Video auf. Das wird für Sie sehr aufschlussreich sein und gibt Ihnen außerdem die Möglichkeit, sich vorab schon das Feedback von Bekannten oder Kollegen zu holen.

Sie sind nicht allein

Wenn Sie Lampenfieber haben, vergessen Sie eines nicht: Sie sind ganz sicher nicht der einzige Mensch auf Erden mit diesem Problem. Im Gegenteil: Selbst professionelle Bühnenmenschen werden ihre Aufregung oft ihr Leben lang nicht los und erzählen sogar gern davon. Lampenfieber ist eine natürliche Emotion.

Der Glücksbringer

Auch wenn es niemand gern zugibt: Fast jeder hat einen kleinen Talisman, den er in wichtigen Situationen bei sich haben muss. Alles, was Ihnen ein gutes und sicheres Gefühl gibt, ist ausdrücklich erlaubt. Kleiner Tipp: Deponieren Sie einen Reserve-Glücksbringer noch in einer anderen Tasche – falls Sie die Tasche wechseln und ihn darin vergessen.

Damit der Vortrag perfekt wird

Firmenveranstaltungen, Kongresse, Mitarbeiterevents, Weihnachtsfeiern – sie laufen fast alle nach dem gleichen Muster ab: Die Zuhörer kämpfen gegen ihre Müdigkeit und/oder Langeweile an und warten sehnsüchtig auf das Ende der Reden, um endlich zum angenehmen Teil übergehen zu können – zum Buffet oder Plausch mit Kollegen an der Bar. Der obligatorische Applaus für den Redner ist meist eher Ausdruck der Freude darüber, dass der Pflichtteil endlich überstanden ist und man nun zur Kür übergehen kann.

Muss das eigentlich immer so ablaufen? Ist es nicht möglich, eine Rede zu halten, die auf Interesse stößt und das Publikum unterhält oder sogar begeistert? Ja, das ist möglich, solange ein Grundsatz beherzigt wird: Etwas vortragen heißt nicht, Worte vorlesen, sondern sich und sein Thema aktiv zu präsentieren. Denn ein Vortrag besteht zu über 80 Prozent aus Körpersprache, also Mimik, Stimme und Gestik. Und damit können Sie Ihre Zuhörer beeindrucken.

Aller Anfang ist spannend

Der Anfang jeder Präsentation oder Rede soll sofort Lust auf mehr machen, sozusagen ein Appetizer sein und den Wissenshunger anregen. Legen Sie deshalb großen Wert auf den Anfang. Werden Sie gleich zu Beginn positiv beurteilt, dann suchen Ihre Zuhörer im weiteren Verlauf nach positiven Indizien, die ihre Erwartungshaltung bestätigen. Und sie werden sie finden. Werden Sie dagegen negativ beurteilt, suchen Ihre Zuhörer unbewusst nach negativen Indizien und werden auch diese finden. Einen guten Einstieg, der bei Ihrem Publikum nicht sofort das Schlafbedürfnis weckt, erreichen Sie, indem Sie eine Beziehung zu ihm aufbauen und spannend in Ihr Thema einführen (siehe Kasten Seite 155). Ist das geschafft, können Sie Ihr eigentliches Anliegen vortragen.

Der magische Aufbau

Damit Ihre Präsentation nicht nur ankommt, sondern auch auf breites Interesse stößt, gilt es, den Hauptteil optimal zu strukturieren. Teilen Sie Ihre Informationen in maximal vier Bausteine beziehungsweise Kategorien ein. Warum? Nach wissenschaftlichen Erkenntnissen gibt es eine magische Zahl: Ein Mensch kann sich in der Regel höchstens fünf plus/minus zwei Informationseinheiten merken. Vier Kategorien sind daher für eine Rede völlig ausreichend und angemessen.

Der Spannungsbogen sollte wie folgt aussehen: Auf die Einleitung folgt ein spannender Baustein, an den Sie einen weniger spannenden und dann den am wenigsten spannenden anschließen. Dieser dritte Baustein sollte derjenige sein, den Sie notfalls wegfallen lassen können, denn erfahrungsgemäß reicht in den meisten Fällen die zur Verfügung stehende Zeit nicht aus. Konzentrieren Sie sich aber auf die vierte Informationseinheit. Dieser Teil sollte viel Aufmerksamkeit erhalten und der interessanteste sein, um die Spannung kurz vor dem Ende noch einmal nach oben zu schrauben (Seite 146).

Verbale Dont's zum Start

Die meisten Redner schießen sich bereits beim ersten Satz ins Aus.

> »Ich freue mich, dass Sie so zahlreich erschienen sind«, ist wahrscheinlich der langweiligste Satz der Welt, gilt mittlerweile als absolutes No-Go, hält sich aber trotzdem hartnäckig als Standard-Einstieg.
> Ebenso überholt: »Zuerst möchte ich mich herzlichst bedanken, dass ich zu Ihnen sprechen darf.« Mit diesem Auftakt macht sich ein Redner unnötig klein und nimmt eine regelrechte Bittsteller-Haltung ein. Idealerweise sollte es umgekehrt sein.
> »Bevor ich mit dem Vortrag beginne, möchte ich folgende Gäste begrüßen und mich bedanken …« Kein Schlafmittel der Welt könnte besser wirken als dieser Satz, der nur eines bewirkt, nämlich dass das Publikum vom ersten Moment an den Zuhörmodus auf »off« stellt.
> »Ich bin zwar nicht gut vorbereitet und hoffe, dass Sie sich nicht allzu langweilen, aber ...« Welcher Zuhörer würde nach diesem Beginn noch einen spannenden und interessanten Vortrag erwarten? Ganz richtig, kein einziger. Denn eine solche Suizid-Variante bewirkt keine Nachsicht beim Publikum, sondern animiert es geradezu, bewusst oder unbewusst auf Fehler und Unvollkommenheiten regelrecht zu spekulieren.

So gewinnen Sie Ihr Publikum

Stellen Sie eine (rhetorische) Frage. Ein sehr effektiver Start, da er die Zuhörer direkt auffordert, mitzudenken. Zum Beispiel: »Was erwarten wir uns nun von ...?« oder »Ab morgen dürfte kein Mensch mehr lügen. Welche Auswirkungen hätte das?« Je mehr die gestellte Frage die Situation des Publikums betrifft oder je ungewöhnlicher sie ist, desto größer ist die Aufmerksamkeit jedes Einzelnen. Ganz wichtig: Haben Sie Ihre Frage gestellt, atmen Sie tief durch, geben Sie den Zuhörern Zeit zum Nachdenken und beantworten Sie erst dann Ihre selbstgestellte Frage. Oder verblüffen Sie Ihr Publikum mit einem überraschenden Statement, ungewöhnlichen Informationen oder verblüffenden Fakten. Ein beliebter Klassiker ist das historische Zitat des Gründers einer amerikanischen Computerfirma aus dem Jahr 1977: »Es gibt keinen Grund, warum irgendjemand einen Computer in seinem Haus haben wollen würde.«

Oder erzählen Sie einen Witz, ein idealer Einstieg. Allerdings sollten Sie sicher sein, dass 80 Prozent der Anwesenden den Witz auch wirklich amüsant finden. Wer es schafft, seine Zuhörer am Anfang zum Lachen zu bringen, sorgt bei allen Beteiligten für ein gutes Gefühl. Die ideale Basis für eine gelungene Performance.

Faszinieren leicht gemacht

Die Struktur alleine beschert Ihnen natürlich noch keinen Erfolg – auf die Füllung kommt es schon auch an. Ein guter Aufbau ist die ideale Basis für eine spannende Dramaturgie, aber auch die Inhalte selbst müssen so interessant und mitreißend vermittelt werden, dass Ihre Zuhörer fasziniert an Ihren Lippen hängen. Auch dafür gibt es einige rhetorische Modelle, die garantiert funktionieren.

› Holen Sie sich die theoretische Unterstützung von Experten und verweisen Sie auf unwiderlegbare Statistiken, wissenschaftliche Belege oder zeigen Sie Grafiken, um Ihre Thesen zu untermauern.

› Komplexe Sachverhalte können Sie wunderbar mit einer Analogie darstellen, indem Sie in den Köpfen Ihrer Zuhörer ein konkretes Bild herstellen.

› Nutzen Sie die »Stellen Sie sich vor-Methode«, indem Sie Ihren Zuhörern eine mentale Aufgabe stellen.

› Skizzieren Sie eine kleine Entwicklungsgeschichte anhand der PPF-Methode. PPF steht für Perfekt, Präsens und Futur – also Vergangenheit, Gegenwart und Zukunft. Die Methode eignet sich wunderbar, zu einem Sachverhalt ein paar Worte zu sagen, nach dem Motto: Wie war es früher, wie ist es heute, was kommt in der Zukunft?

Kurzanleitung für eine gelungene Rede

Reden vor Publikum will gelernt sind, zumindest aber geübt. Nicht von ungefähr werden zahllose Kurse dafür angeboten. Die folgenden Punkte sind die beste Voraussetzung für eine erfolgreiche Rede:

1. Brainstorming:
Sammeln Sie hemmungslos alle möglichen Punkte zu Ihrem Thema.

2. Botschaft:
Erarbeiten Sie Ihre Kernbotschaft. Was wollen Sie Ihrem Publikum mitteilen? Ein Satz reicht vollauf.

3. Bilder:
Verwenden Sie möglichst Anekdoten, Analogien, übersichtliche Argumentationsketten oder Statistiken, um Ihre Inhalte

zu transportieren. Erzeugen Sie Bilder in den Köpfen der Menschen. Ihr Publikum braucht Brücken, um die Informationen abspeichern zu können. Nur Zahlen, Daten und Fakten bleiben nicht hängen – es sei denn, sie kommen in Form von Bildern. Auch Sie selbst merken sich aufgrund der bildhaften Darstellungen die Inhalte, die Sie präsentieren, viel leichter.

4. Der Anfang zum Schluss:
Wenn Ihre Rede steht, sind Ihnen während der Ausarbeitung mit Sicherheit automatisch ein paar spannende Ideen für den Anfang untergekommen.

5. Das Finale:
Wenn Sie die Schlussworte im Kopf haben, dann verzetteln Sie sich nicht. Was Sie zum Schluss sagen, bleibt in den Köpfen der Zuhörer hängen. Es könnte ein Appell, eine Aufforderung, ein Resümee oder ein Zitat sein. Einfach, und doch ein wenig scharfsinnig und klug.

6. Kürze mit Würze:
Verwenden Sie keinesfalls ein umfangreiches Redemanuskript. Konzentrieren Sie sich stattdessen auf das Wesentliche und ziehen Sie das Fazit aus Ihrem Vortrag in wenigen Stichworten, die Sie auf Kärtchen geschrieben haben. Sprechen Sie so frei wie möglich.

7. Üben, üben, üben:
Damit Sie die Inhalte zu den Stichworten parat haben, müssen Sie Ihren Vortrag mindestens einmal gründlich durchspielen – und zwar richtig. Sprechen Sie also für sich oder für eine Testperson genauso, wie Sie es auch in Wirklichkeit tun werden. Das Ganze nur im Kopf aufzusagen, bringt gar nichts, denn denken und reden sind zwei Paar Schuhe. Je öfter Sie üben, desto besser, jeder Probelauf macht Sie sicherer. Wichtig: Korrigieren Sie beim Test sofort alle Passagen, die Ihnen nicht flüssig erscheinen.

Medientechnik Power Point

Die Freude der Zuhörer an einer Power Point-Präsentation ist oft gedämpft. Um nicht selbst in die Power-Point-Falle zu tappen, sollten Sie folgendes beherzigen:

› Der Stargast der Veranstaltung sind Sie, Ihre Charts dienen nur zur Unterstützung.

› Vermeiden Sie „Aufmerksamkeitsfresser". Die Aufnahmefähigkeit Ihres Publikums ist begrenzt. Beschränken Sie deshalb die Anzahl Ihrer Charts. Keine Animationseffekte, keine Satzmonster.

› Eine Folie muss auf einen Blick begreifbar sein. Arbeiten Sie mit großen emotionalen Bildern, großer Schrift und aussagekräftigen Stichwörtern.

› Tragen Sie weder Laserpointer noch irgendwelche Stifte mit sich herum. Ihre Hände benötigen Sie ohnehin für unterstützende Gesten.

› Vermeiden Sie, im Lichtkegel zu stehen. Das ist sowohl für Sie als auch für die Zuhörer störend. Die wertvollste Taste des Präsenters ist die »Black«-Taste.

› Verlassen Sie sich niemals ausschließlich auf die Technik. Legen Sie sich immer eine Notfallstrategie zurecht.

Körpersprache im Verkaufsgespräch

Jedes Verkaufs- oder Verhandlungsgespräch gleicht einem Schachspiel. Die beiden Teilnehmer verfolgen eine bestimmte Strategie und agieren Zug für Zug. Das bedeutet: Erst wenn der Partner eine bestimmte Richtung einschlägt, kann der Andere optimal darauf reagieren, um das Spiel für sich zu entscheiden. Ebenso im Geschäftsleben. Auch hier verrät niemand seine komplette Strategie von vornherein. Man wartet die Verkaufstaktik des Anderen ab und passt die eigene Vorgehensweise dann an. Zu den entscheidenden Figuren dieses Spiels gehören schlagkräftige Argumente, um einen Verhandlungspartner zu überzeugen, und Angebote, die er idealerweise nicht ausschlagen kann. Doch um wirklich zu begeistern, reicht das meist nicht aus. Die Art und Weise wie etwas präsentiert wird, ist für einen erfolgreichen Abschluss fast ebenso wichtig. Sei es bei Verhandlungen mit Geschäftspartnern, Dienstleistern, Auftraggebern oder bei Verkaufsgesprächen mit Kunden: Wie sich jemand in solchen Gesprächen verhält, welche nonverbalen Signale er aussendet und welche Zeichen er bei seinem Gesprächspartner erkennt, kann über Erfolg oder Misserfolg des Verhandelns entscheiden. Ein verlässlicher, überzeugender Partner bleibt auch für potenzielle zukünftige Verkaufsverhandlungen in guter Erinnerung.

Selbstverständlich gelten auch für dieses Kapitel alle in »Körpersprache bei Präsentationen« (ab Seite 138) und »Die Körpersprache erfolgreicher Führungskräfte« (ab Seite 162) erwähnten Aspekte bezüglich Gestik und Mimik.

Das *Wie* verkauft das *Was*

Verkaufspsychologisch betrachtet hängt der Erfolg eines Verkäufers nicht nur vom Produkt ab, das er anbietet, sondern auch sehr von seiner Wirkung auf den Kunden. Körperhaltung, Bewegung, Mimik, Gestik, Sprache, Blickkontakt und Kleidung müssen miteinander in Einklang stehen. Um wirklich zu überzeugen, bedarf es auch bei einem Verkaufsgespräch eines souveränen Auftritts mit einer überzeugenden Körpersprache: selbstbewusst, zielstrebig, erfolgsorientiert, energisch. Wer darüber hinaus noch über ein gewisses Maß an Empathie (Seite 74) verfügt und die Signale von Kunden, Geschäftspartnern, Kollegen oder Vorgesetzten richtig einzuschätzen weiß, hat im Verkaufsgespräch und in Verhandlungen einen eindeutigen Vorteil. Diese sogenannten Soft Skills spielen inzwischen eine entscheidende Rolle, um im Geschäftsleben die Nase vorn zu haben.

Psychologie ist beim Verkauf deshalb so wichtig, weil Entscheidungen vor allem emotional getroffen werden, denn es konkurrieren immer weniger Produkte hinsichtlich Qualität und Preis. Den Unterschied machen Faktoren, die nicht produktbezogen sind, und zwar: Vertrauen, Glaubwürdigkeit, Sympathie und erfüllte Erwartungshaltung.

Auch der Aspekt Zeit ist nicht zu vernachlässigen. Studien haben ergeben, dass die volle Aufmerksamkeit eines Kunden oder Verhandlungspartners nur etwa 20 Minuten vorhanden ist. Danach sinkt die Konzentrationskurve kontinuierlich. Also müssen Sie Ihren Verhandlungspartner von Anfang an »packen«, sein Interesse gewinnen und ihn auf emotionaler Basis erreichen, in der klassischen Kommunikationstheorie »Beziehungsebene« genannt. Sie ist die wichtigste Voraussetzung für einen erfolgreichen Geschäftsabschluss.

Leisten Sie Detektivarbeit

Das A und O einer erfolgreichen (Verkaufs-)Verhandlung ist eine gelungene verbale und nonverbale Gesprächsführung, Dazu gehört die offene Fragetechnik, um deutliches Interesse zu signalisieren, um mehr über die Wünsche zu erfahren. Die wichtigste Regel lautet deshalb: zuhören! Denn erst, wenn Sie über die Beweggründe und Bedürfnisse informiert sind, können Sie optimal reagieren und haben ein wertvolles Kundenverbindungstool geschaffen.

Setzen Sie auf Schlüsselreize

Haben Sie herausgefunden, welches Bedürfnis oder Kaufmotiv den Interessenten bewegt, können Sie mit gezielten Schlüsselreizen präsentieren. 70 Prozent aller Urteile im Verkaufsgespräch werden im Unterbewusstsein gefällt, beeinflusst von Schlüsselreizen. Schlüsselreize sind keine nüchternen Fakten und Daten, sondern emotionale Signale. Dazu zählen alle Sinneseindrücke wie Töne, Bilder, Gerüche, haptische Signale und Geschmacksreize. Diese sprechen direkt das limbische System im Gehirn an, das für die Bewertung von Produkten, Dienstleistungen und Einschätzung der Menschen verantwortlich ist und eine entscheidende Funktion bei Kaufprozessen erfüllt. Prozesse, die völlig unbewusst ablaufen, obwohl wir meist davon überzeugt sind, rein sachliche und rationale Entscheidungen zu treffen. Ein absoluter Trugschluss!

Programmieren Sie sich auf Erfolg

Um ein Verkaufsgespräch oder eine Verhandlung positiv zu beeinflussen, sollten Sie immer die entsprechende Einstellung haben: nämlich den Erfolg wirklich zu wollen. Nur wenn Sie sich mental auf Erfolg programmieren, wird er sich auch einstellen. Konkret bedeutet das: Gehen Sie positiv und optimistisch in das Verkaufsgespräch. Freuen Sie sich auf den Kunden und einen erfolgreichen Abschluss. Nur dann strahlen Sie auch die nötige Selbstsicherheit und Zuversicht aus, um mit Ihrem Produkt zu überzeugen. Das macht Sie kompetent, setzt jedoch eine ehrliche Sympathie Ihrem Verhandlungspartner gegenüber voraus. Versuchen Sie, ihn für sich zu gewinnen. Am einfachsten, indem Sie mit gutem Beispiel vorangehen und ihm genau die Sympathie entgegenbringen, die Sie sich von ihm wünschen.

So punkten Sie im Verkaufsgespräch

Überlegen Sie sich vor jedem Verkaufs- oder Verhandlungsgespräch, mit welcher inneren Haltung Sie das Gespräch führen möchten. Achten Sie darauf, dass Sie Ihr Ziel nicht aus den Augen verlieren. Reagieren Sie flexibel auf Statussignale (Seite 160), die Grundlage für eine erfolgreiche Kommunikation sind. Möchten

Sie eine vertrauensvolle Ebene herstellen? Dann schaffen Sie eine positive Atmosphäre. Behandeln Sie Ihr Gegenüber als gleichwertigen Partner, dem Sie Vertrauen und Kooperationsbereitschaft entgegenbringen. Folgende Maßnahmen wirken:

Halten Sie sich aufrecht und stabil

Eine aufrechte Haltung und ein fester Stand sind die deutlichsten Signale für Kompetenz und Sicherheit. Arbeiten Sie systematisch daran:

› Heben Sie das Brustbein an und nehmen Sie die Schultern leicht zurück. Stellen Sie sich hüftbreit fest auf beide Beine (Kasten Seite 37).

› Halten Sie den Kopf so, als würden Sie eine Krone tragen. Damit halten Sie das Kinn und die Nase nicht zu hoch.

› Respektieren Sie das Territorium Ihres Gegenübers – mindestens 70 Zentimeter Abstand sind hier angemessen. Sprechen Sie längere Zeit im Stehen, dann stellen Sie sich im rechten Winkel zu ihm. So kommen Sie näher an ihn heran, ohne dass er sich bedroht fühlt.

› Lassen Sie die Arme seitlich hängen oder legen Sie die Hände in Höhe der Gürtellinie locker ineinander. In dieser Haltung sind sie sofort einsatzbereit, wenn Sie handeln oder etwas verdeutlichen müssen.

Ein freundliches Gesicht wirkt Wunder

Um einen Menschen als sympathisch oder unsympathisch einzuschätzen, geht unser Blick als Erstes zu seinem Gesicht. Achten Sie also auch selbst darauf, einen positiven, offenen Gesichtsausdruck zu vermitteln. Doch Achtung: Ein aufgesetztes Lächeln wirkt unnatürlich, weil die Augen nicht daran beteiligt sind. Bei einem echten Lächeln entstehen kleine Fältchen um die Augen, und die Augenbrauen senken sich leicht. Damit Sie aufrichtig lächeln können, konzentrieren Sie sich auf die positiven Aspekte des Gesprächs:

> Freuen Sie sich, diesen Menschen kennenzulernen, denn er könnte ein interessanter Kontakt (etwa für Networking, ab Seite 100) und ein späterer Kunde sein.

> Wenn der Verhandlungspartner zeigt, dass er auf etwas stolz ist, dann freuen Sie sich mit ihm und zeigen ihm das auch.

> Zeigen Sie Ihre Dankbarkeit für die geschenkte Zeit oder dafür, dass Sie ein Angebot abgeben dürfen.

> Schenken Sie Ihrem Gegenüber volle Aufmerksamkeit. Präsenz ist das Zauberwort jedes Verkaufsgesprächs.

Lassen Sie Ihre Hände sprechen

Vom Gehirn zu den Händen bestehen mehr Verbindungen als zu den sonstigen Körperteilen. Gesten mit Ihren Händen unterstreichen deshalb am stärksten, was Sie sagen. Bei temperamentvollen Menschen wirkt auch eine ausgeprägte Gestik natürlich, introvertierte Personen gestikulieren naturgemäß weniger stark. Lassen Sie Ihre Hände am besten so sprechen, wie Sie es tun würden, wenn Sie nicht darüber nachdenken. Einige Gesten sollten Sie vermeiden:

> Unsichtbare Hände wirken negativ. Mit Händen in der Hosentasche signalisieren Sie Gleichgültigkeit. Hinter dem Rücken oder unter dem Tisch verborgene Hände wirken, als hätten Sie etwas zu verbergen.

> Gesten unterhalb der Taille signalisieren Gleichgültigkeit – »Ich bin nicht bereit,

Verräterische Merkmale

Wenn Personen unaufrichtig sind, ist das häufig an ihren paralinguistischen Merkmalen zu erkennen, also den üblichen Stimmeigenschaften und dem Sprechverhalten. Sie verändern beispielsweise die Tonlage, die Lautstärke, den Sprachrhythmus oder die Sprechgeschwindigkeit. Manchmal sehr auffällig und für jedermann wahrnehmbar.

Energie für Sie aufzuwenden« – oder Unsicherheit. Gleiches gilt für Armbewegungen von oben nach unten. Damit scheinen Sie etwas verwerfen zu wollen.

> Zeigen Sie nicht mit dem Finger oder einem Stift auf Ihren Gesprächspartner. Eine solche Geste ist sehr unhöflich und wirkt dominant oder bedrohlich.

> Positiv dagegen: Hände mit nach oben gerichteten Innenflächen signalisieren, dass Sie offen und bereit sind, etwas zu geben, aber auch anzunehmen.

Bewegen Sie sich authentisch

Ihre Worte, Haltung, Gestik und Mimik sollten immer Ihrem Wesen und Temperament entsprechen. Verstellen Sie sich nicht, sondern bleiben Sie sich treu, dann wirken Sie vertrauenswürdig und sympathisch. Ebenso wichtig ist, dass Sie überzeugt sind von dem, was Sie tun oder verkaufen. Nur dann können Sie überzeugend und begeisternd wirken. Der Grund: Ihre Gedanken, Gestik und Mimik sind untrennbar miteinander verbunden. Anders gesagt: Es steht Ihnen buchstäblich ins Gesicht geschrieben, was Sie wirklich denken.

Statusdenken – kleine Machtmittel zum Erfolg

Wer Autorität hat, demonstriert das auch mit seiner Körpersprache und sorgt mit einer Fülle unscheinbarer Kleinigkeiten für den Erhalt seines Status. Ein Statusverhalten ist bei Verhandlungen ein Indikator dafür, welche Einstellung die Verhandlungspartner zueinander haben.

Leicht zu entschlüsseln

Menschen mit einem höheren Status…
› nehmen viel Raum ein: breiter Stand, beide Beine fest am Boden,
› erheben leicht ihr Kinn und blicken von oben herab, wollen vieles überblicken,
› suchen deutlich weniger aktiven Blickkontakt zum Statusniedrigeren,
› machen sich »groß«,
› haben häufig die beiden Hände in der Hosentasche,
› stemmen ihre Arme in die Hüfte,
› gestikulieren mit dynamischen, klaren Armbewegungen,
› sprechen mit fester Stimme,
› haben einen selbstbewussten Gang: große Schritte, einen festen Auftritt,
› nehmen am Tisch eine exponierte Stelle ein: sitzen mit dem Rücken zur Wand und blicken Richtung Tür oder sitzen am Ende des Tisches oder auf einem besonderen Stuhl, zum Beispiel mit Armlehnen,
› sitzen breit in ihrem Stuhl und legen ihre Arme auf dem Tisch ab,
› lehnen sich häufiger im Stuhl zurück und betrachten vieles scheinbar völlig unbeteiligt aus der Distanz,
› beanspruchen am Tisch mehr Raum,
› laufen immer einen Schritt voraus.

Menschen mit einem niedrigeren Status…
› machen sich eher schmal: enger Stand, stehen häufig auf nur einem Bein,
› blicken häufiger von unten nach oben,
› nehmen häufig Blickkontakt mit dem Statushöheren auf,
› verschränken ihre Arme vor dem Körper oder hinter dem Rücken,
› gestikulieren mit kleinen oft nur angedeuteten Armbewegungen,
› zeigen häufig ein unsicheres »Unschulds-Lächeln«,
› gehen häufig einen Schritt hinterher,
› neigen häufiger den Kopf,
› lassen den Oberkörper im Stehen und im Sitzen einfallen,
› nehmen im Sitzen eine schmale Haltung ein, machen sich angreifbar,
› sprechen mit einer dünnen und eher leisen Stimme.

Deutliche Machtsignale

Neben nonverbalen Zeichen, die den eigenen empfundenen Status widerspiegeln, gibt es unterschiedliche Varianten von körpersprachlichen Machtsignalen, die Aufschluss darüber geben, wie jemand das Kräfteverhältnis zwischen sich und seinem Gegenüber einschätzt. Die folgenden Beispiele sind Status- oder Machtsignale, die andeuten sollen, dass man sich stärker fühlt und das auch zeigen möchte. Ob das letztlich so ist, wird sich erst später zeigen. Denn zur Unhöflichkeit ist es mitunter eine gefährliche Gratwanderung:

› Ihr Verhandlungspartner lässt Sie warten, verzichtet auf Blickkontakt und arbeitet demonstrativ weiter.

› Er begrüßt Sie ohne Handschlag oder mit zu festem Händedruck, seine Hand drückt die Ihre nach unten.

› Mit fixierendem Blickkontakt versucht er, Sie emotional einzuengen und zu irritieren. Trotzdem schenkt er Ihnen ein (überlegenes) Lächeln.

› Er komplimentiert Sie mit einer weisenden Handbewegung zu Ihrem Platz. Dieser ist wenig komfortabel (etwa mit dem Gesicht zu einer grellen Lichtquelle).

› Er nimmt mit seinen Gesten viel Raum ein und setzt auf große Handbewegungen.

› Seine Körperhaltung ist voller Energie und Spannung.

› Sein Nacken wirkt sehr steif, der Blick ist streng und fokussierend.

› Er zeigt bei Ihren Ausführungen ein zynisches Lächeln, bei dem sich eine Lippenseite nach oben zieht.

› Er bleibt während des Gesprächs beharrlich hinter seinem Schreibtisch sitzen, obwohl ein Besprechungstisch im Raum zur Verfügung steht.

› Er zeigt generell eine breite Haltung. Armlehnen (im Flugzeug) und Tische (in der Kantine) beansprucht er zu mehr als 50 Prozent.

› Während Sie sprechen, schaut er demonstrativ weg oder tut andere Dinge (etwa im Kalender blättern oder sich mit dem Computer beschäftigen).

› Er greift quer über den Tisch in Ihr Territorium ein.

› Er nutzt gern den gestreckten Zeigefinger, seine Brille oder Stifte, um damit – wie mit einer Art Waffe – auf Sie zu zeigen.

› Er steht während des Gesprächs plötzlich auf und hält einen Monolog »von oben«.

› Er versucht durch demonstrativen Blick auf die Uhr, Zeitdruck auszuüben.

› Er klopft Ihnen gern demonstrativ auf die Schulter oder nimmt Sie – falls Sie eine Frau sind – in den Arm.

Kleines Gestentraining für eine erfolgreiche Verhandlung

› Verstecken Sie Ihre Hände weder in den Hosentaschen noch hinter dem Rücken. Verschränken Sie sie nicht.

› Hände weg vom Gesicht! Sich an den Mundwinkeln kratzen, am Ohr reiben, über die Augen wischen oder sogar an die Nase fassen wecken bei Ihrem Gegenüber Zweifel an Ihrer Aufrichtigkeit.

› Unvorteilhaft ist auch ein ständiges Spielen mit Gegenständen oder das Herumnesteln am Manschettenknopf beziehungsweise Blusenärmel.

› Den Zeige- oder auch Zeige- und Mittelfinger nach vorne strecken und damit quasi eine Pistole formen, deutet auf Ablehnung und wirkt negativ.

› Wenn in einem wichtigen Gespräch Ihr Gegenüber die Hände verschränkt, aber dabei alle Finger ausstreckt (Igelgeste), signalisiert er Missbilligung.

› Leichte Berührungen am Unterarm können Sympathien wecken. Achtung: Der Ranghöhere kann den Rangniedrigeren berühren, nicht umgekehrt.

Körpersprache erfolgreicher Führungskräfte

Führungskompetenz zu definieren, ist alles andere als einfach. Natürlich sind Faktoren wie ein gewisses Maß an Autorität, feste Prinzipien, Durchsetzungskraft, Zuverlässigkeit und eine konsequente Handlungsweise wichtig für einen Chef, der ernst genommen werden möchte. Solche Hard Skills sind aber eben nicht alles. Denn nur wer auch in den »soften« Disziplinen wie Empathie, soziale und emotionale Intelligenz oder Teamgeist punktet, kann in die Liga der wahren Führungspersönlichkeiten aufsteigen. Dabei zählt in beiden Bereichen ein hohes Kommunikationstalent zu den entscheidenden Voraussetzungen. Denn wer sich in jeder Situation richtig auszudrücken vermag, wird seine Botschaft an den Mitarbeiter bringen. Das setzt neben rhetorischem Talent den optimalen Einsatz der Körpersprache voraus. Schließlich entscheidet gerade bei einer Führungskraft in der Regel das Auftreten darüber, wie sympathisch, kompetent und überzeugend sie wahrgenommen wird. Und hier zeigt sich das wahre Führungstalent. Der Grund: Bei der Körpersprache, die sich viel weniger steuern lässt als die Sprache selbst, ist es deutlich schwieriger, den »richtigen Ton« zu treffen, um zu überzeugen und zu führen. Deshalb wundert es nicht, dass erfolgreiche Führungskräfte eine ganz besondere Körpersprache sprechen. Interessant, was eine weltweit agierende PR-Agentur herausfand: Steigt der persönliche Reputationswert eines Managers um zehn Prozent, erhöht sich der Börsenwert des dazugehörigen Unternehmens um 24 Prozent.

Die Führungskraft von heute – eine »Marke«

Weihnachtsveranstaltungen, Produkteinführungen, Kundenevents, Jahresauftaktveranstaltungen oder Aktionärsversammlungen waren lange Zeit sowohl für Mitarbeiter als auch für Kunden, die Presse oder Aktionäre Termine, bei denen regelmäßig die öffentliche Langeweile zelebriert wurde. Ihren Vorbildcharakter zeigten die Vertreter der Unternehmensführung als strenge und ernste Zahlenmenschen. Eine Definition, die sich zum Glück überholt hat. Heute heißt es vielmehr: Bühne frei für die Führungspersönlichkeit – wobei die Betonung auf Persönlichkeit liegt. Aus langweiligen Veranstaltungen sind hochkarätige Events geworden. Mitarbeiter müssen keine endlosen Power Points mehr fürchten, keine Grafik- oder Zahlendschungel stehen im Vordergrund, sondern nur der CEO, seine Geschichte und seine Performance. Der »Chief Executive Officer« wurde zum »Chief Entertainment Officer«. Das heißt nicht, dass es nötig ist, sich in einen Hollywoodstar zu verwandeln. Vielmehr geht es darum, seine individuellen Stärken zu identifizieren und nach außen zu tragen. Vorab jedoch muss jede Führungspersönlichkeit ehrlich reflektieren, ob ihre Marke mit den Werten des Unternehmens übereinstimmt, denn niemand sonst ist so sehr Wertevermittler wie die Person an der Spitze. Die Wirkungskompetenz hat die Sachkompetenz als Qualitätskriterium für Führungspersönlichkeiten mittlerweile abgelöst und damit den Grundstein für eine neue Generation von »Leadern« gelegt.

Entscheidend: die Wirkungskompetenz

Früher trugen in erster Linie Produkte oder Unternehmen einen Namen, der sie symbolisch vertrat, und wurden in der Außendarstellung nur selten mit einer bestimmten Person verknüpft. Heute gibt es immer häufiger einen Namen und ein Bild beziehungsweise eine Person, die eine Firma und deren Angebot repräsentiert. Ebenso hatten früher Politiker und Entscheidungsträger die Möglichkeit, sich zurückzuziehen und über wichtige Entscheidungen zu diskutieren oder erst einmal Prozesse und Strategien zu entwickeln. Heute ist meist schnelles Handeln gefordert. Sprich: Entscheidungen müssen in kurzer Zeit getroffen und souverän vermittelt werden. Eine Aufgabe, die den Menschen an der Spitze zukommt, die nicht nur das Unternehmen und dessen Produkte und Dienstleistungen vertreten, sondern auch eine gewisse Identifikationsrolle für jeden Mitarbeiter erfüllen und eine Außenwirkung in der Öffentlichkeit erzeugen.

Wirken mit Emotionen

Bild von einer Jahresauftaktveranstaltung: Eine Führungskraft betritt die Bühne, legt das Manuskript auf das Rednerpult, setzt die Professoren-Brille auf die Nase, krallt die Finger am Pult fest und beginnt mit ihrer Leseübung: »Die letzten Jahre waren nicht einfach. Unsere festgelegten Strategien wurden konsequent umgesetzt und waren erfolgreich. Wie die aktuellen wirtschaftlichen Entwicklungen zeigen, stehen uns noch einige Herausforderungen bevor. Mit einer strategischen Neuausrichtung werden wir neue Potentiale erschließen und ….« Wie glaubwürdig ist eigentlich ein Entscheidungsträger, wenn er eine Rede monoton abliest? Mit leeren Worthülsen, ausgeleierten Wörtern, ohne Emotion und Leidenschaft? Schafft er es mit dieser Methode, seine Mannschaft hinter sich zu bringen? Sind solche Aktionen überhaupt noch erlaubt? Die klare Antwort lautet: Nein! Damit erzeugen Sie nur Gleichgültigkeit und Antipathie. Die meisten Wirtschaftsführer nehmen sich nicht die Zeit, um mit ihrem Herzen ihre Mannschaft zu erobern. Hier mangelt es schlicht an Präsenz und daraus folgend an Glaubwürdigkeit. Ohne Enthusiasmus hat eine Führungskraft über kurz oder lang verloren. Enthusiasmus ist die Basis und die Voraussetzung für eine perfekte Wirkungsleistung. Es ist ein Irrglaube – besonders in europäischen Ländern –, dass die Sache im Vordergrund steht. Nur mit Sachargumenten erreichen und überzeugen Sie niemanden. Menschen gewinnen Sie nur mit Ihrem Herzen. Sie können die besten Redenschreiber engagieren, die besten Coaches beauftragen, intelligent sein, entscheidungsfreudig agieren, doch wenn Sie nicht mit Enthusiasmus bei der Sache sind, werden Sie über kurz oder lang scheitern, denn dann fehlt der Funke, der überspringt. Führung ist auch die Kunst, Glauben zu erwecken.

Ihre Mitarbeiter sollten Sie nicht nur als Faktengräber, sondern als Mensch erleben. Als Mensch mit Emotionen, der lachen, empört oder erschüttert sein kann, der in der Lage ist, Gefühle auch zu zeigen. Dafür bedarf es keiner Worte, rhetorische Perfektion ist nebensächlich. Doch zeigen Sie nur echte Gefühle. Das, was Sie sagen, muss aus Ihrem Herzen kommen. Sonst wirken Sie unglaubwürdig. Verabschieden Sie sich von blutleeren Manuskripten. Verabschieden Sie sich von der Coolness und begeistern Sie Ihre Mitarbeiter in Einzelgesprächen, Meetings oder Veranstaltungen mit Ihrer Wirkungsleistung. Der Philosoph und Kirchenlehrer Aurelius Augustinus wusste schon im 4. Jahrhundert: »Was du in anderen entzünden willst, muss in dir selbst brennen.« Und das hat nicht nur im Unternehmen Gültigkeit, sondern auch in der Öffentlichkeit.

Die Macht der Medien

Unternehmen sind heute durch die enorme Präsenz der Medien zu schnellen Informationsvermittlungen gezwungen. Deshalb müssen die Entscheidungsträger in der Lage sein, schnell zu agieren und sich auf Knopfdruck optimal zu inszenieren. Ein falsches Wort, eine unsichere Geste, ein unpassender emotionaler Ausdruck –

Harte Fakten
Nach der Studie eines deutschen Meinungsforschungsinstituts aus dem Jahr 2006 kommt es bei der Wirkung einer Rede lediglich zu 19 Prozent auf den Inhalt an, 26 Prozent machen Stimme und Gestik aus und 55 Prozent entfallen auf die Art des Vortragens und die Persönlichkeit des Redners.

und die gesamte Welt weiß es innerhalb von wenigen Stunden. Noch dazu besitzen Medien eine enorme Kraft, um Emotionen zu erzeugen. Sie gehen dafür nicht unbedingt immer und ausschließlich vom objektiven Sachverhalt aus, sondern bewerten auch das Erscheinungsbild dessen, der die Sachverhalte vorträgt.

Ein Kommunikations- und Medienforscher hat bereits 1999 geschrieben, dass der visuelle Eindruck den menschlichen Verstand sehr stark beherrsche. Das heißt also auch, dass nonverbale Signale eine wesentlich höhere Wirkung als Worte haben. Der Mensch bildet sich in Bruchteilen von Sekunden ein unbewusstes Urteil vom Gegenüber. Selbst kurze Bildsequenzen von Politikern oder Entscheidungsträgern in TV-Sendungen führen beim Zuschauer zu einer kognitiven und affektiven Wirkung. Wer diesen Effekt schlauerweise früh erkannt hatte, war beispielsweise der ehemalige »Medienkanzler« Gerhard Schröder. Sein Statement: »Erfolg ist immer ein durch Medien vermittelter Erfolg – oder es ist kein Erfolg.« Es ist deshalb nicht erstaunlich, dass mittlerweile Politiker und herausragende Vorstände allesamt einen Medienberater beschäftigen. Der Grund: Wirtschaftsmanager sind heutzutage vor allem darauf bedacht, bei ihren Auftritten vor Aktionären, der Presse, Analysten, der Öffentlichkeit und nicht zuletzt vor ihren Mitarbeitern mit einer guten Performance zu glänzen. Sie wissen mittlerweile über die Macht der Körpersprache und benutzen Strategien, die man aus dem Event- oder Show-Bereich kennt: perfekte Beleuchtung, außergewöhnliche Bühnengestaltung, dynamische »Show-

einlagen« und eine möglichst bestechende und überzeugende Rhetorik, Gestik und Mimik. Sie inszenieren sich.

Erinnern Sie sich an folgende unternehmensinterne Inszenierung? Nur Steve Jobs im obligatorischen schwarzen Rollkragenpullover, die leere Bühne und sein neues Apple-Produkt genügten, um das Publikum zu begeistern. Es gab keinerlei Elemente, die von der revolutionären Innovation ablenkten, die dadurch zu hundert Prozent im Mittelpunkt stand und perfekt in Szene gesetzt wurde.

Der Weg zum Ziel

Wollen Sie ganz nach oben, dann arbeiten Sie an Ihrer persönlichen Marke – konsequent, überlegt und mit dem Ziel, authentisch zu bleiben. Entwickeln Sie kontinuierlich Ihre unverwechselbare Identität. Als Führungskraft müssen Sie sowohl für Ihre Mitarbeiter als auch für die Öffentlichkeit klar definiert und sichtbar sein. Das bedeutet: Erarbeiten Sie sich das Vertrauen der Menschen, die für Sie arbeiten, agieren Sie integer und glaubwürdig und – das Wichtigste überhaupt – halten Sie, was Sie versprechen.

So werden Sie zur Marke

Jon Christoph Berndt, ein in München tätiger und in der Branche anerkannter Marktentwickler und Management-Trainer (Buchtipp Seite 188), pflegt das einfach lautende Motto: »Ihre starke Marke erkennt man daran, dass man Sie erkennt.«

Zahlreiche Manager und Persönlichkeiten des öffentlichen Lebens haben an diesem Prozess erfolgreich gearbeitet.

»Was haben andere, was ich nicht habe? Weshalb erkennt man sie auf Anhieb, mich aber nicht? Und warum kriegen sie das, was eigentlich mir zusteht?« Die vielleicht ältesten Fragen der Menschheit für ein zufriedenes (Berufs-)Leben. Doch wie lässt sich das ändern? Wie eine starke Erscheinung, ein Gesicht in der Menge werden, das Begehrlichkeiten auslöst? Wenn Sie beispielsweise Führungskraft im Mittelmanagement sind, können Sie viel Engagement an den Tag legen, vieles bewegen und vor allem richtig lange arbeiten. Und dennoch die ganzen Bedenkenträger, Faulenzer und Man-müsste-mal-wieder-Schwätzer auf der Leiter nach ganz oben an sich vorbeiziehen sehen. Das liegt daran, dass die fleißigste Biene in der Regel verliert. Auf der Gewinnerseite stehen dafür die smarten, gerade im rechten Maße aktiven, intuitiv vieles richtig machenden Mitmenschen. Was machen die besser? Ganz einfach: Sie sind eine Marke! Auch Sie können sich zu einer unwiderstehlichen Marke mit einer starken Anziehungskraft entwickeln. Um sich in unserer immer komplizierter werdenden Welt effektiv profilieren zu können, müssen Sie allerdings den Grundmechanismus der Markenbildung kennen und ihn sich zunutze machen. Ergründen Sie deshalb, was Sie einzigartig macht und Sie klar positioniert. Und zwar in allen Lebensbereichen. Ist diese Essenz erst gefunden, wird der Erfolg planbar, emotional ebenso wie materiell. Berücksichtigen Sie bei Ihren Überlegungen folgende Punkte:

1. Sie entwickeln Ihre Marken-Persönlichkeit für die Zukunft, nicht für die Gegenwart. Es handelt sich um Ihr Soll-Profil, denn heute ist morgen schon von gestern.

2. Dieses Soll-Profil soll aussagen, wie Sie selbst sich in Zukunft wahrnehmen wollen (Ihr Selbstbild). Doch mindestens genauso wichtig ist es für das Bild, das die Menschen um Sie herum von Ihnen haben werden (Ihr Fremdbild).

3. Ihre Marke muss so überlegt und abgewogen entstehen, dass sie etwa 15 Jahre lang – genau wie die Marken starker Unternehmen und Produkte – die Grundlage all Ihrer Aktivitäten sein kann, besser noch: Ihr ganzes Leben lang. Diese Kraft sollte sie auf jeden Fall haben, sonst lohnt die Mühe nicht.

4. Nach der Entwicklung Ihrer Marke sollten Sie sich genug Zeit dafür nehmen, sie umzusetzen. Denken Sie an einen Zeitraum von etwa zwei Jahren, bis sie in allen Lebensbereichen Einzug gehalten hat. Das ist nicht zu schnell und setzt Sie nicht zu sehr unter Druck. Es ist aber auch nicht zu langsam und vermeidet, dass Ihnen auf dem Weg die Puste ausgeht.

Das Handeln auf dem Prüfstand

Wie werden Sie eine starke Marke? Stellen Sie Ihr ganzes Leben auf den Prüfstand. Analysieren Sie Ihre Visionen, Chancen, Freizeit, Zweifel, Ziele, Maßnahmen, Wege, Ihr Netzwerk und alles, was Ihnen sonst so einfällt. Denken Sie an eine Art Markentrichter, in den alles hineinkommt, was Sie tun (»Das habe ich schon immer so gemacht!«); außerdem alles, was Sie nicht tun (»Das habe ich noch nie so gemacht!«). An der engsten Stelle des Trichters konzentrieren sich Ihr Markenkern und Ihre Markenwerte. Daraus ergibt sich dann das zukünftige Leben Ihrer Wahl:

› Ihre Herausstellung: Bringen Sie auf den Punkt, was Sie von der grauen Masse abhebt und unverwechselbar macht.

› Ihr Wettbewerbsvorsprung: Schätzen Sie Ihre Konkurrenten (man kann auch Marktbegleiter sagen) ein. Sie legen die Messlatte auf.

› Ihr Gesellschaftsbeitrag: Formulieren Sie, was Sie mit all Ihrem Tun (und mit dem, was Sie nicht tun) dazu beitragen, dass es Ihren Mitmenschen immer ein kleines bisschen besser geht.

Sich profilieren, distanzieren und gewinnen

Sind Sie erst einmal unverwechselbar positioniert, können Sie es genauso machen wie ein erfolgreiches Unternehmen oder ein erfolgreiches Produkt: sich profilieren und differenzieren, und zwar innerhalb des Rahmens, den Ihre unverwechselbare Marke Ihnen vorgibt. Sie können alte Zöpfe abschneiden, und aus dem ewig wabernden Hätte, Könnte, Würde ein konkretes Habe, Kann und Werde machen und damit Ihren oben erwähnten Markentrichter wieder füllen. Sie wissen, wo es sich lohnt, tatsächlich in Ihr Fortkommen zu investieren (in Ihre Körpersprache ebenso wie in andere Weiterbildungsdisziplinen) und wo Sie bleiben können, wie Sie sind. Zu den Disziplinen, die Sie zum Erfolg führen, gehören neben der Körpersprache mit Gesten und Mimik und deren Wirkung unter anderem Stimme und Sprache, Rhetorik, Präsentation, Networking, Zeitmanagement, Stil und Etikette und das Outfit.

Und als Führungskraft müssen Sie polarisieren, das ist ausgesprochen wichtig. Konstruktive Kantigkeit verhilft nämlich zum Erfolg. Entsprechend sollten Sie neben echten Fans auch klare Ablehner haben. Folgende Faustregel können Sie sich merken: Solange Sie das Gefühl haben, dass viele Ihrer Mitmenschen Sie als »ganz nett« (das ist der kleine Bruder von »na ja, geht so«) empfinden, ist das ein Indiz dafür, dass Sie eben nicht polarisieren und damit keine starke Marke, sondern bestenfalls ein schlaffes »Märkchen« sind. Mit Ihrer Marke haben Sie die eindeutige Grundlage, das »Backrezept« für Ihr zukünftiges Leben.

Sie sollen nicht sagen, wie Sie sind, sondern Sie sollen es Ihre Mitarbeiter und auch alle anderen Menschen in Ihrem Umfeld spüren lassen. Denn Ihre Marke ist das, was man hinter Ihrem Rücken über Sie erzählt. Sie ist die Basis und letztlich die Chance, um im Beruf die Karriere zu machen, die Sie sich wünschen. Da Sie nicht nur Ihre Stärken, sondern auch Ihre Schwächen kennen, wird es Ihnen leichtfallen, die entsprechenden Eigenschaften herauszufiltern und einzusetzen. Und rechnen Sie ruhig auch mit Krisen, die selbst »große« Marken zwischendurch haben. Wie Sie solche möglichen Krisen bewältigen können? Machen Sie sich weiterhin Gedanken über die wirklich wichtigen Dinge in Ihrem Leben, was Sie wie tun sollten und wie Sie auf die Mitmenschen wirken.

Am Ziel

Ihre unverwechselbare Marke ist die Grundlage für den Weg, den Sie gehen wollen. Als erfolgreiche Führungskraft

› erkennen Sie klar und eindeutig, wer Sie sind, wie Sie sind und wofür Sie stehen,

› wissen Sie, was Sie wirklich wollen,

› erkennen Sie Ihre Ziele und können abschätzen, wo Ihre Zeit, Ihr Herzblut und Ihre Kraft gut investiert sind,

› haben Sie die Grundlage für alles, was Sie tun – und für alles, was Sie lassen. Und die Gewissheit, ganz viel von dem, was andere tun, nicht auch tun zu müssen,

› wissen Sie, welche Schwächen in Wahrheit Ihre Stärken sind. Und in welchen Disziplinen Sie sich, auf der Basis Ihrer Marke, geplant weiterbilden und verbessern sollten, um auf Dauer bestehen zu können.

Führen heißt: adäquat kommunizieren

Angenommen, Sie haben ein spannendes Projekt zu stemmen und die erste Teamsitzung mit Ihren neuen Mitarbeitern steht vor der Tür. Sie sind spät dran und betreten hektisch den Konferenzraum. Sie lächeln den Anwesenden kurz zu, während Sie Ihren Laptop auf den Tisch stellen. Anschließend begrüßen Sie alle herzlich, stellen sich vor und bitten dann die Teammitglieder, sich ebenfalls einzeln vorzustellen. Einer nach dem anderen kommt diesem Wunsch nach. Währenddessen klappen Sie Ihren Laptop auf, fahren ihn hoch, Sekunden später läutet Ihr Handy, Sie drehen sich weg und nehmen das Gespräch an. Und zu guter Letzt holen Sie sich noch einen Kaffee vom Seitentisch. Die Folge: Nachdem sich das letzte Teammitglied vorgestellt hat, denken Sie wahrscheinlich, was für mürrische Mitarbeiter

Ihnen zugewiesen wurden. Diese Mitarbeiter aber betrachten Sie vermutlich als uninteressierten und inkompetenten Chef. Kein Wunder bei so einem Start, oder? Und dennoch kommen solche Szenen viel häufiger vor als gedacht, obwohl die Konsequenz eigentlich auf der Hand liegt.

Jeder, der eine leitende Position bekleidet, sei es an der Spitze eines Konzerns oder als Leiter eines unternehmensinternen Teams, sollte Folgendes niemals außer Acht lassen: Mitarbeiter sind das höchste Gut, das Führungskräfte haben, auf welcher Ebene auch immer. Ohne Menschen, die es zu »führen« gilt, wird jeder Chef sofort überflüssig. Auch wenn ein großes Stück mehr Macht an der Spitze angesiedelt ist, so ist doch jede leitende Person auf das Team angewiesen. Ein respektvolles und faires Miteinander sollte oberste

Priorität haben und sowohl durch die verbale als auch die nonverbale Kommunikation zum Ausdruck kommen.

Das A und O der souveränen Körpersprache

Nichts gibt Ihnen besser Auskunft über Ihr Standing im Unternehmen als das Verhalten Ihrer Mitarbeiter. Verstummen die Gespräche, wenn Sie auf Mitarbeiter treffen, drehen sie sich leicht weg, wenn Sie in ihrem Gesichtsfeld erscheinen oder nehmen sie beim Vorbeilaufen einen extremen »Tiefstatus« ein, indem sie bewusst zwei Schritte ausweichen und den Kopf senken? Wenn ja, dann sollten Sie sich Gedanken über Ihren Führungsstil machen und sich vielleicht als Chef etwas hinterfragen. Führen heißt zwar auch fordern, aber nicht dominieren. Wie jedoch lässt sich eine solche hierarchisch bestimmte Atmosphäre in ein angenehmes, anregendes Miteinander verwandeln, ohne dass Ihre souveräne Wirkung darunter leidet? Ohne Zweifel ist die Ideallösung, respektierter Chef und gleichzeitig gern gemochter Kollege zu sein, eine Gratwanderung, aber der Versuch lohnt sich. Nicht selten reicht dafür schon im wahrsten Sinn des Wortes eine kleine Geste, eine andere Mimik – kurz: etwas mehr Augenmerk auf die eigene Körpersprache zu lenken.

Das entspannte Gesicht

Sie haben viel um die Ohren, sind meistens hoch konzentriert und arbeiten zwölf Stunden am Tag. Automatisch führt das zu einem strengen Gesichtsausdruck [a, Seite 170]. Dieser Gesichtsausdruck wird von Mitarbeitern, Kollegen und Partnern unbewusst als unzugänglich oder sogar aggressiv wahrgenommen. Automatisch erzeugt es bei anderen Stress und Nervosität, und man wird versuchen, Sie zu meiden. Eine solche Mimik suggeriert potentielle Gefahr. Wer stattdessen entspannt und somit automatisch ungefährlich und sympathisch auf sein Umfeld wirken möchte, sollte darauf achten, seine Gesichtsmuskulatur immer wieder bewusst zu entspannen [b, Seite 170]. Eine glatte Stirn ohne Zornesfalte und entspannte Lippen sind eines der Schlüsselsignale, die für ein ausgeglichenes Auftreten verantwortlich sind.

Bevor Sie also das nächste Mal in ein Meeting gehen, in der Kantine auf Ihre Mitarbeiter treffen oder im Unternehmen unterwegs sind, checken Sie Ihren Gesichtsausdruck. Eine entspannte Mimik erreichen Sie ganz einfach durch folgende Methode: Spannen Sie Ihre Gesichtsmuskulatur an und lassen Sie nach einigen Sekunden wieder locker. Dann öffnen Sie weit den Mund, ziehen Ihre Augenbrauen nach oben, schneiden einige Grimassen und atmen abschließend einige Male tief ein und aus. Mit jedem Atemzug wird Ihr Gesichtsausdruck entspannter. Diese bewährte Methode nutzen übrigens auch Schauspieler kurz vor dem Auftritt.

Das soziale Lächeln

Je höher die Position einer Führungskraft, desto weniger wird gelacht und gelächelt. Zum Teil verständlich, schließlich tragen diese Personen große Verantwortung und müssen häufig befehlen und delegieren. Faktoren, die wenig förderlich für einen heiteren, lockeren Arbeitstag sind.

a   Eine strenge Gesichtsmuskulatur wird als unzugänglich oder aggressiv wahr-
genommen und erzeugt bei
Mitarbeitern schnell Stress
und Nervosität.

b   Eine entspannte
Gesichtsmuskulatur mit
unverkrampften Lippen und
einer Stirn ohne Zornesfalten
wirkt auf das Umfeld dagegen beruhigend.

Forscher haben außerdem herausgefunden, dass Männer im Berufsalltag viel weniger lachen als Frauen. Bei Frauen wird Lächeln als normal angesehen. Lacht eine Frau nicht, wirkt sie automatisch unfreundlich. Deshalb haben Frauen in Führungspositionen oft mit dem Ruf einer »eisernen Lady« zu kämpfen, wenn sie sich an männliches Verhalten angleichen. Dass Lächeln sich also offenbar als weibliche, schwache und unernste Ausdrucksform etabliert hat, ist allerdings mehr als schade. Schließlich ist Lächeln – vor allem das soziale Lächeln, das als Signal gegenüber Mitmenschen eingesetzt wird – eine wichtige Brücke, um in Kontakt zu treten. Probieren Sie es einfach aus: Lächeln Sie, wenn Sie ins Büro kommen, Ihre Assistentin oder einen Mitarbeiter bewusst an. Testen Sie das Gleiche bei einem fremden Menschen auf der Straße. Mit ziemlicher Sicherheit lächelt Ihr Gegenüber zurück. Wichtiger noch: Sie werden bemerken, dass diese kleine Geste Ihren Tagesverlauf verändern wird. Wissenschaftlich bewiesen ist, dass ein Lächeln – mehr noch ein erwidertes Lächeln – im Körper positive Gefühle auslöst. Vor allem bei Neukontakten sollten Sie bewusst auf ein Lächeln als Kommunikationsmittel setzen, um von Anfang an als sympathisch und kompetent eingestuft zu werden.

Die symmetrische Körperhaltung

Sie repräsentieren ein Unternehmen, vertreten eine Abteilung oder leiten ein Team. Das bedeutet, dass Sie nicht nur einen guten Draht zu Ihren Mitarbeitern herstellen, sondern auch Kompetenz und Stärke vermitteln sollten. Führungskräfte haben schließlich auch eine Vorbildfunktion, der sie auch durch ihr Auftreten gerecht werden müssen. Dazu gehört die aufrechte Haltung. Sie vermittelt Attraktivität, Gesundheit und Selbstbewusstsein. Stehen Sie dazu fest auf beiden Beinen, lassen Sie Ihre Schultern fallen, heben Sie Ihr Brustbein an und ziehen Sie Ihren Nabel nach innen. Und schon strahlen Sie Vitalität und Kraft aus. Gehen Sie in einer aufrechten Haltung, Blick nach vorne, nehmen Sie die Arme mit und achten Sie auf ein angemessenes Tempo. Je größer und schneller der Schritt und je stärker Ihre Armbewegungen sind, desto energischer und entschlossener wirken Sie. Ihr Schritttempo sollten Sie der jeweiligen Situation anpassen. Bei einem dringenden Termin wählen Sie die energischere Variante. Möchten Sie ein Vertrauensverhältnis zu einer Person aufbauen, sollten Sie Ruhe ausstrahlen und entsprechend bedächtiger gehen. Vermeiden Sie kleine Schritte und am Körper anliegende Arme. Damit wirken Sie zögerlich und unsicher und strahlen keinerlei Souveränität aus.

Auch auf Ihrem Bürostuhl oder im Besprechungsraum sollten Sie auf eine symmetrische Haltung achten. Hängen Sie nicht schief im Stuhl. Zeigt Ihre Körpersprache in jeder Lebenslage Haltung, mit der Sie Energie ausstrahlen, dann werden Sie auch Ihre Mitarbeiter anstecken und zu mehr Aktivität animieren.

Wichtig: Schenken Sie bei Besprechungen unbedingt der sprechenden Person Ihre volle Aufmerksamkeit, indem Sie ihr den Oberkörper zuwenden. Wenn Sie sich leicht nach vorne neigen, signalisieren Sie noch deutlicher Ihr Interesse.

Die Sitzordnung

Gerade bei internen Meetings und Gesprächen wird nur selten über die Sitzordnung diskutiert. Dabei kann dieser Aspekt große Auswirkungen auf den Verlauf des Gesprächs oder auf Meetings haben.

› Am runden Tisch: Gleichheit

An einem runden Tisch fühlen sich alle Beteiligten gleichgestellt. Darum ist diese Sitzordnung vorteilhaft, um kreative Gedanken zu sammeln, woran alle intensiv mitarbeiten sollen.

› Gegenüber: Konkurrenz [c]

Geht es in einer Besprechung um eine konkurrierende Situation wie Preis-, Übernahme- oder Produktverhandlungen, dann setzen Sie sich Ihrem Gesprächspartner direkt gegenüber. In dieser Position fallen Gespräche automatisch »härter« aus, denn der Tisch zwischen den Verhandlungspartnern stellt so etwas wie eine imaginäre Schutzzone dar. Jede Partei wagt es, aggressiver an die Sache ranzugehen. Wollen Sie zusätzlich im Status höher wirken, wählen Sie einen höheren Stuhl und platzieren schon vorab einige Unterlagen auf Ihrem Platz.

› Über Eck: überzeugen, kommunizieren, verführen [d]

Die Sitzverteilung über Eck ist differenzierter und lässt viel Spielraum. Man ist dem Gesprächspartner relativ nahe, dringt aber dennoch nicht in sein Territorium ein. Ein Blickkontakt kann leicht aufgenommen und auch wieder abgewendet werden. Eine Position, die dadurch ideal für wichtige Gespräche oder Bewerbungen ist, wenn es darauf ankommt, eine gute Atmosphäre zu schaffen.

C   Gegenübersitzen stellt eine Konkurrenzsituation dar, und Verhandlungen fallen härter aus.

d   Über Eck sitzen sorgt für eine gute Atmosphäre und ausreichend Spielraum für beide Gesprächspartner.

e   Wenn eine schnelle Lösung gefragt ist, ist das Sitzen nebeneinander die beste Variante.

› Seite an Seite: Teamwork [e, Seite 173]
Müssen Sie gemeinsam eine Aufgabe beenden oder einen Strategieplan erstellen und ein hohes Engagement ist gefragt, dann setzen Sie sich nebeneinander. Studien haben ergeben, dass Personen in dieser Position härter arbeiten und schneller zu einer Lösung kommen.

› Am Kopf des Tisches: großes Meeting
Wollen Sie bei einem großen Meeting die Kontrolle übernehmen, den Tagesablauf fest in der Hand behalten, etwas Essentielles sagen oder wünschen sich geringen Widerstand, dann setzen Sie sich an den Kopf des Tisches. Studien zeigen, dass Personen auf diesem Platz am meisten reden und den häufigsten Blickkontakt erhalten. Vergessen Sie aber nicht, dass Sie sich dadurch vom Team auch abgrenzen, was eine intensive Zusammenarbeit stören könnte. Der Grund: In dieser Position werden Ideen, Vorschläge oder Statusberichte nur an Sie gerichtet. Die anderen Teilnehmer werden kaum bis gar nicht beachtet. Zudem verlieren die nicht aktiven Teilnehmer an Engagement.

› Mittendrin: gute Beziehung
Wollen Sie in einer großen Runde eine gute Beziehung zu den Teammitgliedern herstellen und damit eine intensive Zusammenarbeit fördern, dann setzen Sie sich an einer Tischseite in die Mitte. Damit Sie trotzdem die Kontrolle behalten, sollten Sie in Blickrichtung zur Tür sitzen. Bei dieser Sitzordnung sind alle Mitglieder aktiver am Meeting beteiligt. Wollen Sie einen Teilnehmer besonders hervorheben, platzieren Sie ihn neben sich.

Wie könnte nun der Start des neuen Projekts (Anfangsgeschichte Seite 168) mit den neuen Teammitgliedern besser aussehen? Ganz einfach: indem Sie folgende Tipps beherzigen. Sie entspannen Ihr Gesicht, bevor Sie mit Elan den Besprechungsraum betreten. Sie schenken Ihren neuen Mitarbeitern ein Lächeln und einen Blickkontakt. Bei der Vorstellungsrunde hören Sie jedem Einzelnen aufmerksam zu und bedanken sich jeweils mit einem leichten Nicken. Ihren Laptop starten Sie, bevor Sie sich vorstellen, den Kaffee holen Sie sich nach der Vorstellungsrunde oder in der Pause, und Handys sind in Meetings normalerweise sowieso tabu.

Zauberwort Empathie

Gute Politiker, Vorstandvorsitzende und Führungskräfte haben ein gemeinsames Talent: Sie sind in der Lage, bestimmte Stimmungen zu erzeugen und wollen auf diesem Weg Mitarbeiter, Kunden, Zuhörer oder Wähler für ein Unternehmen, bestimmte Ziele, Produkte oder Dienstleistungen gewinnen. Ein Großteil dieser unbewussten »Manipulation« findet durch das Medium Körpersprache statt.

Gedankenlesen leicht gemacht

Empathie heißt, sich in einen Mitmenschen hineinfühlen zu können, nachzuempfinden, was in ihm vorgeht, was ihn bewegt, letztlich schon fast eine Art von Gedankenlesen. Diese Fähigkeit verdanken wir sogenannten Spiegelneurone, die mittlerweile in allen Zentren des Gehirns gefunden wurden. Das Besondere an diesen Nervenzellen ist, dass sie sogar dann

Signale aussenden, wenn wir ein Geschehen nur beobachten. Sie reagieren genau so, als würden wir das, was wir beobachten, selbst erleben. Vielleicht kennen Sie das: In einem Film rührt das Schicksal der unmenschlich behandelten Hauptdarstellerin zu Tränen. Oder man fühlt förmlich selbst den Schmerz, den jemand erleidet, weil er sich die Hand eingeklemmt hat. Oder wenn Sie unbewusst das Lächeln eines Menschen erwidern, obwohl Sie ihn gar nicht kennen. Doch wie funktioniert das? Vereinfacht gesagt, genügt schon die kleinste Erinnerung an eine ähnliche selbst erlebte Situation oder Empfindung – positiv oder negativ –, um die zuständigen Neurone zu reaktivieren.

Stellen Sie sich vor, Sie wollen sich mit einer neuen Mitarbeiterin bekannt machen. Nach etwas Smalltalk stellen Sie die Frage: »Wie war es in Ihrem letzten Job?« Sie zuckt mit den Schultern, setzt kurz ein breites Lächeln auf und antwortet: »Ich liebte den Job, aber es war Zeit für einen Wechsel.«. Sie spüren sofort, was Sache ist. Denn Ihre Spiegelneurone sind hoch aktiv, rufen etwas in Ihnen in Erinnerung, Sie haben die ängstlichen Augen, das falsche Lächeln und die angespannte Haltung intuitiv bemerkt. Für Sie ein eindeutiges Signal, dass die neue Kollegin nicht über dieses Thema sprechen möchte und dankbar für ein anderes ist. Die meisten Menschen verfügen über diese »empathischen« Fähigkeiten, über die Gabe also, bewusst Signale unserer Gesprächspartner wahrzunehmen und zu deuten. Empathie ermöglicht es aber auch, Menschen zu führen, weil sie unübersehbar auf bestimmte Verhaltensweisen reagieren.

Mit Gefühl agieren und reagieren

Sie kennen vermutlich die Volksweisheit »Wie der Herr, so's G'scherr« oder auch: »Der Apfel fällt nicht weit vom Stamm«. Diese Redewendungen lassen sich sehr gut auf unternehmerische Organisationen übertragen. Mitarbeiter suchen bei Führungskräften nach Signalen und imitieren deren Verhalten – meist unbewusst, manchmal jedoch auch bewusst. Überlegen Sie sich also gut, wie Sie wirken möchten und welches Verhalten Sie sich auch bei Ihren Mitarbeitern wünschen. Laufen Sie permanent gehetzt durchs Unternehmen, reagieren Ihre Mitarbeiter gestresster. Ist es Ihnen wichtig, mit Freude und Spaß zu arbeiten, dann lachen Sie häufiger mal. Wollen Sie, dass Mitarbeiter intensiv miteinander arbeiten, dann gehen Sie als gutes Beispiel für Zusammenarbeit voran. Zumindest jene Mitarbeiter, die sich mit Ihnen und dem Unternehmen identifizieren, werden dank ihrer Spiegelneurone unbewusst Ihr Verhalten kopieren. Die Spiegelneurone imitieren nicht nur, sondern reflektieren auch Absichten und Emotionen.

Angenommen, Sie müssen einen Mitarbeiter, 54 Jahre alt, Vater von zwei Kindern, Ehemann einer kranken Frau, aus betrieblichen Gründen entlassen. An seinem Gesicht und seiner gesamten Haltung können Sie die enorme Erschütterung und Entmutigung ablesen. Wie fühlen Sie sich da? Ihre Spiegelneurone übernehmen die Emotionen des Mitarbeiters, und es geht Ihnen schlecht. Oder fühlen Sie etwa nichts? Dann gehören Sie zu dem minimalen Prozentsatz an Menschen, die über wenig bis gar keine Empathie verfügen.

So schärfen Sie Ihre Wahrnehmung

Um Gesprächspartner genau und vor allem treffsicher zu beobachten, müssen Sie Ihre Wahrnehmung nonverbaler Signale trainieren. Geeignete »Trainingsobjekte« sind alle Personen, mit denen Sie kommunizieren. Bei Ihren »Studien« sollten Sie vor allem auf diese Faktoren achten:

› Pauken Sie »Vokabeln« und prägen Sie sich positive und negative Signale nach und nach ein.

› Beobachten Sie bei jeder Gelegenheit. Besonders leicht lässt sich ein Gespräch beobachten, an dem Sie nicht beteiligt sind.

› Behalten Sie immer den Kontext eines Gesprächs im Auge. Beurteilen Sie Worte und körpersprachliche Signale im Zusammenhang.

› Achten Sie zunächst auf einzelne Bewegungen. Mit der Zeit können Sie dann dazu übergehen, mehrere Signale gleichzeitig wahrzunehmen.

› Wenn Sie allgemeingültige Bewegungen bereits gut erkennen, konzentrieren Sie sich auf individuelle Gesten und Gesichtsausdrücke. Jeder Mensch hat auch noch seine speziellen Ausdrucksformen, um zu zeigen, was in ihm vorgeht.

› Vertrauen Sie Ihrem Bauchgefühl – so, wie Sie es als Kind getan haben.

»Good vibrations« – auf gleicher Welle

Reden zwei gut befreundete Kollegen miteinander, dann nehmen sie ähnliche Körperhaltungen ein. Generell kann man sagen, je intensiver und besser die Beziehung, desto «kopierfreudiger» das Verhalten auf beiden Seiten. Eine tiefere Beziehung ist generell nur bei gleichem Status möglich. Als statushöhere Person hat man die Aufgabe, einen größtmöglichen Gleichklang mit den Mitarbeitern herzustellen. Wollen Sie beispielsweise mit einem Mitarbeiter in Ihrem Büro ein Gespräch auf möglichst gleicher Augenhöhe führen, dann setzen Sie sich mit ihm an einen separaten Tisch mit zwei gleichen Stühlen. So entsteht schneller ein neutraler Kontakt, als wenn Sie dominant hinter Ihrem Schreibtisch thronen. Schwingen zwei Menschen mental auf einer Ebene, zeigt sich das schon in der Körpersprache. Dann reagiert ein Zuhörer im passenden Rhythmus zu den Worten seines Gegenübers – zum Beispiel mit leichten Kopf- oder Fingerbewegungen. Das heißt, der Bewegungsrhythmus passt sich bei »good vibrations« den Worten an. Aber natürlich funktioniert das Ganze auch umgekehrt. Wollen Sie gut mit jemandem auskommen – unabhängig davon, ob beruflich oder privat – sind »good vibrations« eine wichtige Voraussetzung. Stellen Sie sich also auf Ihr Gegenüber ein und Sie werden auf einer Wellenlänge landen.

Aber Vorsicht! Versuchen Sie nicht, Ihr Gegenüber permanent zu spiegeln. Der

f Ein ähnlicher Zeige-
gestus stellt eine Verbindung
her und spricht für gleiche
Wellenlänge.

g Auch eine ähnliche
Handhaltung am Bespre-
chungstisch signalisiert
Übereinstimmung.

Nicken Sie

Ein Nicken können Sie auch dann gezielt einsetzen, wenn Sie die Zustimmung anderer zu einer wichtigen Entscheidung, zu Ihrer Meinung oder zu einem Verbesserungsvorschlag bekommen möchten. Nicken Sie dann selbst ganz leicht, während Sie sprechen. Ob Sie Erfolg haben, merken Sie umgehend an den Kopfbewegungen der Zuhörer. Nicken auch diese leicht, haben Sie gewonnen.

Versuch, um jeden Preis Gleichklang herzustellen, kann schnell als Affront oder Kränkung empfunden werden.

Identische Gesten

Um eine Verbindung herzustellen, gilt es, sich einfühlsam und mit Respekt an die Körpersprache einer anderen Person an-zupassen. Vor allem, was Tempo und Intensität der nonverbalen Signale betrifft. Versuchen Sie, einen synchronen Bewegungsrhythmus zu erreichen. Passen Sie sich dem Rhythmus Ihres Gesprächspartners an. Neigt er zu größeren Schritten, dann machen auch Sie größere Schritte. Verwendet er expressive Gesten [f, Seite 177], dann betonen auch Sie das, was Sie sagen oder zeigen, stärker mit den Armen. Üben Sie sich vor allem darin, sich positiven Gesten anzupassen, ohne exakt die gleichen Gesten zu übernehmen. Schauen Sie auf die Arm- und Handhaltung. Hat er die linke Hand oder den Unterarm locker auf dem Tisch aufgelegt [g, Seite 177]? Nähern Sie sich lediglich an. So nimmt Ihr Gegenüber unbewusst wahr, dass Sie ihm gleichgesinnt oder gleichgestellt sind. Oder versuchen Sie das sogenannte verschobene Spiegeln: Führen Sie die gespiegelte Geste einen Takt später aus.

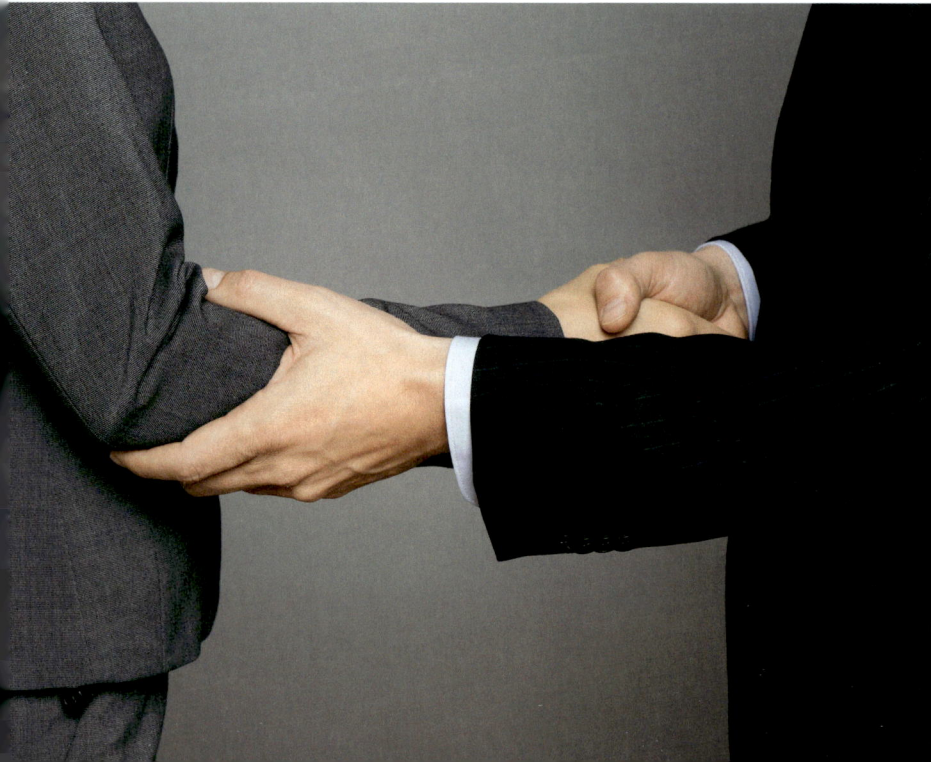

h Den Ellbogen des Gesprächspartners zu berühren, signalisiert bereitwillige Unterstützung.

Die Macht des Nickens

Jeder Mensch hat das Bedürfnis nach Anerkennung und Aufmerksamkeit. Wird es gestillt, kann ein solches Signal Balsam für die Seele sein und schweißt Menschen oder Teams enger zusammen. Die einfachste Form der Anerkennung ist das Nicken. Ein Nicken sagt dem Gegenüber »Ich höre dir zu« oder »Ich bin deiner Meinung« oder »Du hast völlig recht«. Doch auch für den Nicker selbst lohnt sich diese demonstrative Zustimmung, denn unsere Spiegelneurone haben gelernt, dass Nicken in unserer Kultur Zustimmung bedeutet (Seite 133). Das erzeugt automatisch positive Gefühle. Auch die Spiegelneurone des Gesprächspartners werden aktiviert. Er wird auskunftsfreudiger, weil das Nicken suggeriert, dass er auf dem richtigen Weg ist. Aber Vorsicht: Nicken Sie während Ihres Zuhörens nicht wie ein Wackeldackel – zwei bis drei Mal pro Minute sind völlig ausreichend.

Gleicher Dresscode verbindet

Doch nicht nur Mimik, Gestik und Haltung können auf nonverbaler Ebene für eine gleiche Wellenlänge sorgen. Auch die gleiche Kleidung sagt ohne Worte: »Schau mich an, ich bin der/die Gleiche wie du.« Wählen Sie deshalb Ihre Outfits passend zu Ihrer Branche, Ihrem Status und Ihren Verhandlungspartnern aus. Außerdem versteht es sich von selbst, dass Sie in Ihrem Unternehmen auch in dieser Hinsicht eine Vorbildfunktion haben sollten.

Erzielen Sie Übereinstimmung!

Eine gemeinsame Wellenlänge kann auch über das Kommunikationsmedium Stimme erreicht werden. Wie? Verwenden Sie ähnliche Worte und Redewendungen, versuchen Sie, sich in der Sprechgeschwindigkeit, Tonlage, Lautstärke und Sprachrhythmik anzugleichen. Denn die Stimme erzeugt Stimmung, eine gleiche Stimmlage erzeugt eine

i Die freie Hand auf der Oberseite der Hand des Gesprächspartners drückt Wertschätzung aus.

gemeinsame Gefühlslage. Auch hierfür gilt jedoch: Kein Gleichklang um jeden Preis. Bemerken Sie, dass ein Kollege, Kunde oder Mitarbeiter mit aufgebrachter oder gehetzter Stimme spricht, wählen Sie stattdessen bewusst eine ruhige, tiefe Stimmlage und einen langsamen Rhythmus. Sie werden sehen, dass Ihr Gegenüber sich beruhigen und Ihrem Takt anpassen wird.

Nähe verbindet

Deutliches Signal für eine Verbindung zwischen zwei Menschen sind kleine Berührungen – auch bei Businesskontakten. Das beginnt schon beim Händeschütteln. Meist sagt die Art der Begrüßung sehr viel über eine Verbindung aus:

Ein Klaps auf den Oberarm ist ein Hinweis auf eine lockere Freundschaft, die zusätzlich zur Geschäftsbeziehung existiert. Eine Berührung auf der Schulter ist ein Zeichen von Überlegenheit. Wird bei der Begrüßung der Ellbogen berührt [h, Seite 178], ist das ein Zeichen von bereitwilliger Unterstützung. Wer bei der Begrüßung zusätzlich seine freie Hand auf die Oberseite der fremden Hand legt [i, Seite 179], drückt seine Wertschätzung aus.

Abgesehen von der Begrüßung, bei der Körperkontakt sozusagen selbstverständlich ist, sollte man im Berufsleben damit eher zurückhaltend sein. Generell sollten Berührungssignale nur bei gleichem Status und bei Führungskräften sehr vorsichtig zum Einsatz kommen. Am Handrücken oder Unterarm können sich sowohl Männer als auch Frauen leicht berühren. Weicht der Andere jedoch zurück, versuchen Sie, die Verbindung auf andere Art zu untermauern.

Werden Sie Kapitän einer guten Crew

Viele Führungskräfte sind der Überzeugung, dass für bessere Leistungen unter Mitarbeitern eine Wettbewerbssituation vorteilhaft ist. Um ein geniales Design zu entwerfen, gute Ideen zu kreieren oder kurzfristig den Verkauf anzukurbeln, kann das vorübergehend durchaus zutreffen. Doch langfristig gesehen ist eine Zusammenarbeit auf loyaler und solidarischer Basis die beste und erfolgreichste Variante für eine fruchtbare Zusammenarbeit. Folgende körpersprachliche Signale können Ihnen helfen, Ihr Team zu einer einheitlichen, motivierten, kooperativen und selbstverantwortlichen Mannschaft zusammenzuschweißen:

› Sitzen Sie mit Ihrem Team am runden Tisch, das fördert das Gefühl der Gleichheit aller Mitarbeiter.

› Behandeln Sie jedes Team-Mitglied mit Respekt – durch Blickkontakt, durch Freundlichkeit und durch tatsächliches, aufmerksames Zuhören.

› Trainieren Sie eine motivierende und energetische Stimme.

› Wenden Sie in Gesprächen, Meetings und Workshops immer demjenigen den Oberkörper zu, der gerade aktiv ist.

› Setzen Sie bei Ihren Beiträgen auf kraftvolle Armbewegungen.

› Führen Sie das Team auch mit Ihrer Körperhaltung.

› Achten Sie immer auf einen entspannten und freundlichen Gesichtsausdruck.

› Überlegen Sie sich für Meetings einen aktiven Start, bringen Sie Ihr Team sofort zum Denken, Lachen, Hinterfragen. Damit erzeugen Sie von vornherein fruchtbare Gruppendynamik.

Charisma – mit Ausstrahlung gewinnen

Mutter Teresa, Nonne, Wohltäterin und Nobelpreisträgerin, hatte es, ebenso wie es der Altbundeskanzler Helmut Schmidt hat: eine besondere Ausstrahlung, auch Charisma genannt. Eine Gabe, die bei den unterschiedlichsten Persönlichkeitstypen zu finden ist – jeweils auf ganz individuelle Art und Weise. Und doch verbinden alle charismatischen Menschen einige übereinstimmende Eigenschaften: Sie handeln außergewöhnlich, sind unabhängig von Meinungen anderer, verkünden neue Appelle, ja sogar Gebote, lassen sich nicht von Konventionen beherrschen. Sie zeigen Emotionen, lassen sich auf andere ein und schaffen es dadurch, Menschen anzuziehen und zu gewinnen. Mutter Teresa verdankte ihre Ausstrahlung ihrer Barmherzigkeit, Helmut Schmidt verdankt sie seiner Gradlinigkeit.

Angeboren oder angelernt?

Das Wort Charisma kommt aus dem Griechischen und bedeutet »Gnadengabe«. Früher verstand man darunter von Gott gegebene Güter. Heute verbinden wir den Begriff mit einer ganz besonderen Persönlichkeit. Charismatische Menschen sind sich ihrer bewusst und haben eine gute Portion an Selbsterfahrung [a]. Sie lieben den Umgang mit anderen Menschen, können führen, sich inszenieren, sind offen, motiviert, leidenschaftlich und verfügen über ein gutes Einfühlungsvermögen. Sie schaffen es sehr viel leichter als andere, Menschen für sich zu gewinnen.

Wer bin ich und wer will ich sein? Wie finde ich meine Besonderheit? Was macht mich zufrieden? Um das zu erkennen, muss man vorab eines: über sich selbst nachdenken und sich über sich klar werden. Eine große Herausforderung, denn es ist eine der schwierigsten Aufgaben, ein

a   Charisma zeigt sich in einer selbstbewussten, verbindlichen Haltung.

objektives Bild von sich selbst zu zeichnen. Lassen Sie sich also nicht entmutigen, denn richtige Selbsteinschätzung fällt niemandem leicht. Wenn Sie aus eigener Kraft diese Hürde bewältigen, sind Sie schon auf dem besten Weg zu einer guten, intensiveren Ausstrahlung.

Stehen Sie voll dahinter

Wichtigster Punkt ist: Egal, was Sie präsentieren, worüber Sie reden oder wofür Sie eintreten – Sie sollten möglichst zu hundert Prozent dahinterstehen können. Sind Sie von einem Thema, einer Meinung oder einem Konzept selbst nicht überzeugt, wird auch Ihre Ausstrahlung bei der Präsentation oder dem Meeting mit Ihren Mitarbeitern wirkungslos sein. Sprechen Sie dagegen aus voller Überzeugung, dann haben Sie schon etwas Wesentliches, das charismatische Menschen auszeichnet: Sie erzeugen Präsenz durch Begeisterung, Begeisterung erzeugt Leidenschaft und diese wiederum erzeugt Wirkung. Manche Menschen versuchen dieses Ziel zu erreichen, indem sie Prominenten nacheifern und Verhaltensweisen, einen bestimmten Stil oder sogar Meinungen übernehmen. Doch diese Rechnung geht nicht auf, weil ein fremdes »Kleid« eben nicht die Wirkung hat wie eines, das auf den Leib geschneidert ist. Ausstrahlung kann man sich nicht kaufen – sie muss von innen heraus kommen und einen individuellen Stempel tragen, der durch persönliche Erfahrungen geprägt ist. Nur so entsteht eine authentische und überzeugende Wirkung.

Dennoch sind Vorbilder nicht total von der Hand zu weisen, denn sie befeuern bis zu einem gewissen Grad die Motivation und können ein guter Ansporn sein, solange die Identifikation nicht zur Nachahmung animiert. Denn Nachahmung führt auf lange Sicht zum Stillstand der eigenen Persönlichkeitsentwicklung und – was noch viel schlimmer ist – weg von einem authentischen Verhalten. Obendrein führt der Vergleich mit dem Vorbild immer zur Unzufriedenheit, denn eine Kopie ist niemals so gut wie das Original.

Ihr eigenes Kostüm steht Ihnen am besten

Verabschieden Sie sich von dem Gedanken, dass Sie immer und jedem gefallen können. Selbst Charisma ist bis zu einem bestimmten Punkt ein subjektives Phänomen und liegt immer im Auge des Betrachters, ausgenommen sind nur wirklich herausragende Persönlichkeiten. Die goldene Charisma-Formel lautet: Zwängen Sie sich auf keinen Fall in ein Kostüm, das nicht passt, sondern finden Sie Ihren eigenen Stil und damit auch Ihre optimale Ausstrahlung. Und tun Sie es für sich, nicht für andere!

Charisma-Tools – kleine Tipps für große Wirkung

Wenn wir einen Menschen als charismatisch empfinden, steckt hinter dieser Aura ein Zusammenspiel mehrerer Begriffe: Präsenz, Empathie, Kongruenz, Wortgewandtheit, Inszenierung und Wirkung. Der größte Faktor ist die persönliche Wirkungskraft, also das Auftreten. Dieses wiederum ist weitgehend durch die individuelle Körpersprache geprägt. Schließlich sind es auch die nonverbalen Signale, die wir als Erstes bei anderen Menschen wahrnehmen. Worte spielen dagegen am Anfang einer Begegnung eine erheblich geringere Rolle. Umfragen haben ergeben, dass unser Urteil – ob jemand Ausstrahlung hat oder nicht – zu rund 46 Prozent in dessen Körpersprache begründet ist. Stellt sich also die entscheidende Frage, wie wir es schaffen, optimal zu wirken. Oder anders gefragt: Welche entscheidenden Faktoren für eine optimale Wirkung stehen uns zur Verfügung?

1. Das äußere Kapital
Charismatische Menschen pflegen ihre individuelle Note und achten auf ihr Äußeres – natürlich immer passend zur Branche und zum Anlass. Die allermeisten Menschen, deren Ausstrahlung uns anzieht, haben in ihr Aussehen investiert, ihren Stil, ihre Eleganz, ihre guten Manieren. Sie können sich deshalb auf jedem Parkett angemessen bewegen und ihren Charme selbstbewusst und souverän einsetzen und spielen lassen.
Zusätzlich strahlen sie Kraft, Vitalität und Gesundheit aus. Das alles nennt sich soziale Attraktivität, die jeder sich aneignen kann, und die heute wichtiger ist denn je. Früher zählte in Kreisen von hohen Politikern oder wichtigen Wirtschaftsgrößen vor allem der Name. Heute zählt auch, wie man auftritt und wie man wirkt. Das bestätigt die inzwischen weitverbreitete These, dass »schöne« Menschen erfolgreicher sind. Ein möglicher Grund: Von Kindesbeinen an wird ihnen mehr Aufmerksamkeit und Anerkennung geschenkt. Sie erlernen daher schneller wichtige soziale

Kompetenzen, ernten verstärkt positive Reaktionen, was wiederum das Selbstbewusstsein stärkt. Eine positive Spirale, die attraktive Menschen automatisch auf Erfolgskurs bringt und es ihnen leichter macht, diesem Pfad zu folgen.
Attraktivität hat also eine nicht zu unterschätzende Bedeutung im beruflichen Bereich und kann mit der klassischen Intelligenz gleichgesetzt werden. Investieren Sie also nicht nur in Ihr Wissen und Ihre beruflichen Fähigkeiten, sondern auch in Ihr Äußeres. Halten Sie sich fit, machen Sie sich schlau, was Etikette betrifft, kleiden Sie sich vorteilhaft und immer der Situation angemessen. Der Satz »Kleider machen Leute« ist heute so aktuell wie nie zuvor. Und interessieren Sie sich dafür, was in der Welt passiert, welche besonderen Ereignisse anstehen. Mitreden können gehört ebenfalls zum äußeren Kapital.

2. Die Haltung
Ein sicherer Stand wird immer mit einer selbstsicheren, souveränen und kompetenten Persönlichkeit assoziiert. Eine aufrechte Körperhaltung – mit angehobenem Brustbein und gesenkten Schultern – erweckt den Anschein von Stärke und Aktionsbereitschaft. Und so ist es auch. Achten Sie auf eine gerade Kopfhaltung. Stellen Sie sich vor, Sie balancieren ein Buch oder eine Krone auf dem Kopf oder werden an einem unsichtbaren Faden am Hinterkopf Richtung Himmel gezogen. So wirken Sie weder zu unsicher noch zu arrogant. Wenn Sie in dieser Position zwischendurch etwas »weicher« wirken oder Mitgefühl ausdrücken wollen, dann neigen Sie den Kopf leicht zur Seite.

3. Handbewegungen

Leider werden vor dem Oberkörper verschränkte Arme noch immer gern als klares Zeichen von Passivität, Ablehnung und Desinteresse interpretiert, obwohl das nicht in allen Fällen zutrifft. Dennoch ist es besser, sich zu öffnen und das, was man verbal zum Ausdruck bringt, mit Armbewegungen auch zu betonen. Damit entsteht eine größere Präsenz.

Gestikulieren wir, dann wirken wir eloquenter, erzeugen mehr Aufmerksamkeit und modulieren automatisch stärker mit der Stimme. Aber Vorsicht: nicht mit Händen und Armen wild und hektisch herumfuchteln, um ausdrucksstärker wahrgenommen zu werden. Armbewegungen wirken nur dann vorteilhaft, wenn wir Gesten bewusst einsetzen [b] und wirken lassen – und das am besten vor der verbalen Aussage.

4. Das Lachen

Lachen steckt an und erzeugt in Ihnen und bei Ihren Mitmenschen eine positive Wirkung. Zahlreiche Studien der sogenannten Gelotologie, der Wissenschaft der Auswirkungen des Lachens, belegen diesen simplen, jedoch wirkungsvollen Effekt. Allerdings nur, wenn Ihr Lachen auch echt ist. Vorgetäuschtes Lächeln ist wirkungslos und unsympathisch. Ein authentisches Lächeln ist begleitet von gesenkten Augenbrauen und kleinen Fältchen in den Augenwinkeln [c]. Echtes Lächeln lohnt sich mehr, als Sie vielleicht denken. Fakt ist: Menschen mit einer griesgrämigen Miene haben weniger Kontakt mit anderen und weniger Erfolg im Berufsleben. Lachende Menschen treten dagegen schneller in Kontakt, sind optimistischer und haben mehr Erfolg im Berufsleben. Es kostet Sie also nur ein Lächeln ...

b Nur bewusst eingesetzte und der Situation angemessene Gesten wirken vorteilhaft und vermitteln Präsenz.

5. Der Blickkontakt

Jeder fühlt sich unwohl, wenn der Gesprächspartner permanent den Blick abwendet. Sowohl bei der ersten Kontaktaufnahme als auch generell beim nonverbalen Austausch spielen die Augen eine sehr große Rolle. Scheuen Sie sich also nicht, aktiven Blickkontakt mit Ihrem Gesprächspartner zu halten. Allerdings »pro Blick« nicht länger als einen Gedanken lang, damit er sich nicht angestarrt fühlt.

6. Die Präsenz

Präsenz zeigen bedeutet nichts anderes als bewusst anwesend zu sein – körperlich und vor allem geistig. Eine Aura um sich herum zu schaffen, einen Raum auszufüllen. Präsente Menschen werden nicht nur schneller wahrgenommen, sie erreichen häufig auch ihre Ziele leichter. Doch diese Art von Präsenz verlangt eine gelassene Konzentration auf den Augenblick, auf das momentane Ereignis, die Situation, das Gegenüber. Auch bei einer Präsentation oder einem Meeting sollten wir voll und ganz bei uns sein. Seien Sie gelassen, ruhig, beobachtend. Argumentieren Sie souverän und überzeugend, wenn Ihre (Rede-)Zeit gekommen ist. Damit punkten Sie gekonnt. Und das mit einer Sprache, die einfach und verständlich, aber pointiert ist. Um dieses Ziel zu erreichen, üben Sie in den verschiedensten Situationen, sich bewusst im Hier und Jetzt zu fühlen und nicht in Gedanken bereits beim nächsten Termin zu sein.

Doch nicht nur Stress und Termindruck können uns in Sachen Präsenz einen Strich durch die Rechnung machen – auch Unsicherheit und mangelndes Selbstbewusstsein zählen zu den natürlichen Feinden eines souveränen Auftretens. Leider

C Ein echtes, charismatisches Lachen zeigt sich in leicht gesenkten Augenbrauen und Lachfältchen um die Augen.

sind nämlich gerade die Momente, in denen wir gern eine starke Ausstrahlung hätten, häufig jene, in denen wir unsicher sind und Angst davor haben, zu scheitern. Auch wenn diese Angst nur das eigene surreale Gedankengespinst ist. Anstatt sich kontraproduktiven Überlegungen und Hypothesen hinzugeben, sollten Sie sich lieber voll und ganz auf die gegenwärtige Situation konzentrieren, auf Ihr Gegenüber oder Ihr Publikum. Interessieren Sie sich bewusst ausschließlich für die Menschen, die Ihnen in diesem Moment zuhören. Öffnen Sie Ihre Ohren, Ihre Augen und vor allem Ihr Herz und Sie werden staunen, wie viel Sie plötzlich wahrnehmen, erkennen und begreifen.

7. Emotionen und Empathie

Das Talent zum Pokerface wird gerade im Geschäftsleben oft als Vorteil gesehen. Ein Trugschluss, denn Gefühle zu zeigen lohnt sich vor allem langfristig gesehen. Der Grund: Wer mit seinen Stimmungen immer hinter dem Berg hält, wirkt auf Dauer unglaubwürdig und vor allem unpersönlich und langweilig. Zweifelsohne gehört es zum guten Ton, in manchen Situationen Contenance zu bewahren. Meistens ist es jedoch sehr viel passender, Gefühle zu zeigen, mitzufühlen, denn nur auf diese Weise gewinnen wir andere Menschen für uns und unsere Ideen.

Emotionen wahrnehmen kann man üben. Stellen Sie sich vor, wie es dem anderen gerade ergehen mag oder wie Sie sich in derselben Situation fühlen würden. Dann wird es Ihnen leichtfallen, Empathie zu zeigen (auch Seite 74). Wie genau definiert sich die Kunst des Mitfühlens?

Im Grunde ganz einfach: Empathie zeigen heißt, andere Menschen wertschätzen, andere Meinungen tolerieren und die eigene Einstellung immer wieder überdenken. Alles Eigenschaften, die man sich problemlos aneignen kann. Etwas schwerer zu erlernen ist dagegen die Fähigkeit, sich in andere Menschen hineinzufühlen, der wichtigste Aspekt in Sachen Empathie. Aber auch das ist kein Ding der Unmöglichkeit. Hier ist es angebracht, von sich auf andere zu schließen.

8. Wortgewandtheit

Charismatiker müssen nicht nur nonverbal, sondern auch mit ihren Worten überzeugen können. Sie sollten ein großes rhetorisches Repertoire besitzen und vor allem zu nutzen wissen. Das heißt zum Beispiel, sich sprachlich optimal auf die jeweilige Zielgruppe einstellen zu können. Bei einer Rede vor Mitarbeitern wird ein anderes Vokabular verwendet als vor Freunden oder Fachexperten. Paradebeispiele für eine solche rhetorische Wandlungsfähigkeit gibt es vor allem in der freien Wirtschaft. Negativbeispiele finden sich dagegen in den Reihen der Politiker. Hier wird gern mit Worten jongliert, die keiner versteht. Dabei müssen gerade komplexe Sachverhalte möglichst einfach erklärt werden. Kaum jemand weiß wirklich, was unter einem »installierten Gesundheitsfond« zu verstehen ist.

9. Kongruenz

Kongruenz bedeutet nichts anderes, als dass der Gesamteindruck, den Sie bei anderen hinterlassen, stimmig ist. Was Sie denken, sagen und tun, muss eine Einheit ergeben und dieselbe Botschaft vermitteln. Wie bei einem Puzzle müssen alle Teile zusammenpassen, damit ein klares und deutliches Bild entsteht. Würde ein Teil fehlen oder nicht dazugehören, würde das Gesamtbild seine Wirkung verlieren. Ein stimmiges Ergebnis bewirkt dagegen den Eindruck von Ehrlichkeit und lässt Sie glaubwürdig wirken. Ein kongruentes Verhalten erfordert auch, entschieden und verantwortungsvoll zu handeln.

10. Inszenierung

Sich inszenieren und bestmöglich verkaufen, das muss heute eigentlich jeder. Politiker, die Wählerstimmen sammeln, Entscheidungsträger in der Wirtschaft, die Rückhalt aus dem Unternehmen brauchen, eine Führungskraft, die ihre Mitarbeiter motivieren möchte, ein Verhandlungspartner oder Verkäufer, der ein Produkt an den Mann bringen will, ein Selbstständiger, der einen Auftraggeber überzeugen will, derjenige, der sich um eine Stelle bewirbt. Das bedeutet nicht, dass wir uns verstellen, eine Rolle spielen oder etwas vortäuschen sollen. Natürlich ist ein authentisches Auftreten immer der beste Weg, das Ziel zu erreichen. Aber was tun in Situationen, in denen wir uns unsicher fühlen? Authentisch bleiben hieße dann, diese Unsicherheit auch zu zeigen. Aber würde Sie eine Idee oder ein Produkt überzeugen, präsentiert von jemandem, der nicht gerade souverän wirkt? Wohl eher nicht. In solchen Situationen ist es daher ratsam, die eigene Unsicherheit im wahrsten Sinn des Wortes zu überspielen, indem Sie sich selbst darstellen, allerdings in einer selbstsicheren Variante. Inszenieren Sie eine

Die Einzigartigkeit

Friedrich Nietzsche (1844–1900) schrieb in »Unzeitgemäße Betrachtungen«: »Ein jeder trägt eine produktive Einzigkeit in sich als den Kern seines Wesens; und wenn er sich dieser Einzigkeit bewusst wird, erscheint um ihn ein fremdartiger Glanz, der des Ungewöhnlichen … Dies ist den meisten etwas Unerträgliches, weil an jeder Einzigkeit eine Kette von Mühen und Lasten hängt.«

andere »Ausgabe« Ihrer selbst und präsentieren Sie auf diese Weise die Person, die Sie in diesem Moment gern wären. Das Entscheidende: Sie steuern dadurch den Eindruck, den Sie bei den anderen Teilnehmern erzeugen, in die gewünschte Richtung. Dieses sogenannte Impression Management (Eindruckssteuerung) ist mittlerweile fester Bestandteil der Selbstdarstellung von Unternehmen, Organisationen und Einzelpersonen. Es wird eingesetzt, um ein bestimmtes Image aufzubauen. Egal, welcher Aufwand für eine perfekte Inszenierung betrieben wird, entscheidend ist: Zuerst überlegen, wie man wirken möchte, sich erst danach inszenieren. Hauptsache, es passt zu Ihrem Typ. Natürlich: Je weniger Sie sich inszenieren müssen, desto glaubwürdiger wirken Sie. Besitzen Sie ein gutes Körpergefühl, genügend Selbstbewusstsein, eine gesunde Portion Selbstliebe, Lebensfreude, Mut sowie ernsthaftes Interesse an Menschen, dann haben Sie bereits die besten Voraussetzungen für eine positive Ausstrahlung und eine charismatische Wirkung.

Zum Nachschlagen

Amon, Ingrid: *Die Macht der Stimme. Persönlichkeit durch Klang, Volumen und Dynamik.* Redline, München

Axtell, Roger E.: Gestures. *The Do's and Taboos of Body Language around the World.* Revised and expanded edition, New York

Berndt, Jon Christoph: *Die stärkste Marke sind Sie selbst! Schärfen Sie Ihr Profil mit Human Branding.* Kösel, München

Berndt, Jon Christoph: *Die stärkste Marke sind Sie selbst! Das Human Branding Praxisbuch.* Kösel, München

Bonneau, Elisabeth: *300 Fragen zum guten Benehmen.* Gräfe und Unzer, München

Bonneau, Elisabeth: *Knigge für Individualisten. Für alle, die sich nicht verbiegen wollen.* Gräfe und Unzer, München

Givens, David: *Die Macht der Körpersprache. Menschen lesen im Beruf.* Redline, München

Gschaider, Reingard; Shirley Seul: *Charisma. Wie Sie mit mehr Ausdruck Eindruck machen.* Gräfe und Unzer, München

Hofstede, Geert; Hofstede, Gerd Jan: *Lokales Denken, globales Handeln. Interkulturelle Zusammenarbeit und globales Management.* dtv, München

Kinsey Goman, Carol.: *The Silent Language of Leaders. How Body Language Can Help – or Hurt – How You Lead,* Jossey-Bass, Indianapolis

Kumbier, Dagmar; Schulz von Thun, Friedemann: *Interkulturelle Kommunikation. Methoden, Modelle, Beispiele.* rororo, Reinbek

Matschnig, Monika: *Körpersprache. Verräterische Gesten und wirkungsvolle Signale.* Gräfe und Unzer, München

Matschnig, Monika: *Körpersprache der Liebe.* Gräfe und Unzer, München

Molcho, Samy: *Alles über Körpersprache. Sich selbst und andere besser verstehen.* Mosaik, München

Lutterjohann, Martin: *KulturSchock Japan.* Rump, Bielefeld

Navarro, Joe; Karlins, Marvin: *Menschen lesen. Ein FBI-Agent erklärt, wie man Körpersprache entschlüsselt.* mvg, München

Ning, Yu: *The Chinese HEART in a Cognitive Perspective. Culture, Body and Language.* De Gruyter, Berlin

Reiman, Tonya: *The Power of Body Language. How to Succeed in Every Business and Social Encounter.* Gallery Books, Mendocino

Rückle, Horst: *Körpersprache im Verkauf.* Redline, München

Seul, Shirley: *Zeitmanagement für Faule.* Gräfe und Unzer, München

Spies, Stefan: *Der Gedanke lenkt den Körper. Körpersprache – Erfolgsstrategien eines Regisseurs.* Hoffmann und Campe, Hamburg

Strittmatter, Kai: *Gebrauchsanweisung für China.* Piper, München

Topf, Cornelia: *Körpersprache für Frauen. Sicher und selbstbewusst auftreten.* Redline, München

Register

Weiterlesen tut gut.

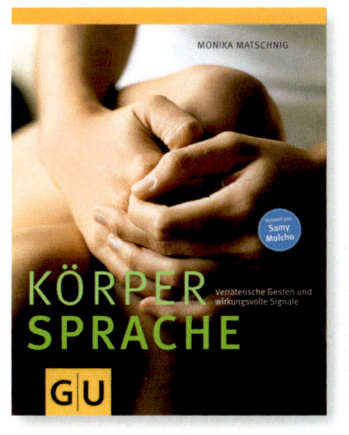

ISBN 978-3-8338-0789-3

ISBN 978-3-8338-1918-6

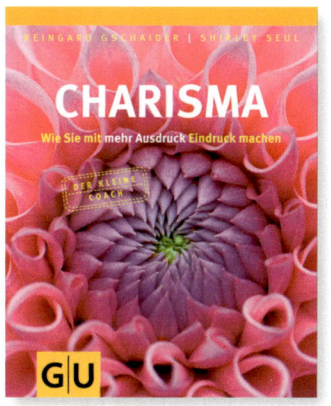

ISBN 978-3-8338-2311-4

ISBN 978-3-8338-2158-5

ISBN 978-3-8338-2380-0

ISBN 978-3-8338-2156-1

www.gu.de: Blättern Sie in unseren Büchern, entdecken Sie
wertvolle Hintergrundinformationen sowie unsere Neuerscheinungen.

Willkommen im Leben.

Impressum

Projektleitung und Bildredaktion: Nikola Hirmer
Lektorat: Rita Maria Güther
Korrektorat: Claudia Kohnle
Layout und Umschlaggestaltung: independent Medien-Design, Horst Moser
Herstellung: Renate Hutt
Satz: Ute Fründt
Repro: medienprinzen, München
Druck und Bindung: Printer, Trento

Bildnachweis

Alle Bilder in diesem Buch stammen von Astrid Obert
Cover: Astrid Obert

ISBN: 978-3-8338-2381-7
1. Auflage 2012

Die GU-Homepage finden Sie im Internet unter: www.gu.de

GRÄFE UND UNZER

Ein Unternehmen der
GANSKE VERLAGSGRUPPE

www.facebook.com/gu.verlag